유튜브보다 더 재미있는

어린이과학실험

유튜브보다 더 재미있는
어린이과학실험

초판 1쇄 인쇄 2020년 5월 15일
초판 1쇄 발행 2020년 5월 22일

지은이 심준보·한도윤·김선왕·민홍기

발행인 장상진
발행처 (주)경향비피
등록번호 제2012-000228호
등록일자 2012년 7월 2일

주소 서울시 영등포구 양평동 2가 37-1번지 동아프라임밸리 507-508호
전화 1644-5613 | 팩스 02) 304-5613

ISBN 978-89-6952-402-7 14590
      978-89-6952-404-1 (세트)

어린이 제품 안전 특별법에 의한 표시
제품명 도서 **제조자명** 경향BP **제조국** 대한민국 **전화번호** 1644-5613
주소 서울시 영등포구 양평동 2가 37-1번지 동아프라임밸리 507-508호
제조년월일 2020년 5월 22일 **사용연령** 8세 이상
※ KC마크는 이 제품이 공통안전기준에 적합하였음을 의미합니다.

유튜브보다 더 재미있는
어린이과학실험

심준보 · 한도윤 · 김선왕 · 민홍기 지음

경향BP

 **머리말**

우리 집에서 지금 위대한 과학실험이 이루어지고 있답니다!

매일 생활하는 집안 곳곳에서 과학실험이 이루어지고 있다는 것 알고 있나요? 여러분이 쉽게 볼 수 있는 냉장고, 자동차, 빨대, 풍선 등 다양한 물건 속에 위대한 과학 원리가 숨어 있어요. 먹고, 놀고, 자는 모든 것이 알고 보면 기막히게 신통한 과학 현상들이에요.

이 책에서 생활 속 숨겨진 과학 원리를 배워 봐요. 재미있는 놀이를 통해 직접 실험을 해 보고 눈으로 결과를 확인하면 훨씬 이해가 잘되고 기억에도 오래 남아요.

『유튜브보다 더 재미있는 어린이 과학실험』에는 물과 자석으로 나침반 만들기, 스스로 부풀어 오르는 풍선, 공기대포 만들기 등 집에서 할 수 있는 재미있는 과학실험 50가지를 소개하고 있어요. '이런 것도 과학이라고?' 하고 놀랄 만큼 우리 생활과 밀접하면서도 쉽고 재미있는 실험들이에요. 방, 거실, 베란다, 욕실 등 실험실이 아닌 곳에서도 얼마든지 과학실험을 할 수 있습니다. 이제 과학을 공부가 아니라 재미있는 놀이로 즐겨 보세요.

이 책에 나오는 과학실험들은 유튜브 영상으로도 나와 있어 더 쉽고 재미있게 배울 수 있습니다. 마법처럼 신기한 탱탱볼 만들기, 빨대로 나만의 악기 만들기, 공기의 힘으로 솟아오르는 분수 등 놀이처럼 재미있지만 100% 과학 원리에 기초한 실험들이에요. 어렵고 이해가 안 간다

면 침대 위에 누워 편안한 자세로 유튜브를 보면서 어떻게 실험을 할지, 어떤 결과가 나오는
지를 알아봐도 돼요.

이 책에 소개한 과학실험에는 비싼 재료나 실험실이 필요 없어요. 설탕, 페트병, 종이컵 같은
일상 속 재료들만 있으면 어디서나 쉽고 자유롭게 실험을 할 수 있습니다. 필요한 준비물은
대부분 여러분의 집과 동네 마트에서 구할 수 있고, 간혹 특별한 준비물이 필요할 경우에도
인터넷에서 쉽게 구할 수 있는 것들이에요.

아직도 과학이 교과서 속에만 묶여 있는 지루한 것이라는 생각이 드나요? 그럼 가벼운 마음
으로 책을 펼쳐 보세요. 이 책은 초등학교 과학 교과서에 나오는 중요한 과학 원리들을 재미
있는 놀이 속에 담아 재미있게 설명해 주니까요. 자, 이제 슬슬 선생님과 함께 『유튜브보다 더
재미있는 어린이 과학실험』 속으로 들어가 보도록 해요. 재미있는 과학실험 놀이로 요리조리
놀다 보면 어느새 꼬마 과학자가 되어 있을 거예요.

심준보 · 한도윤 · 김선왕 · 민홍기

차례

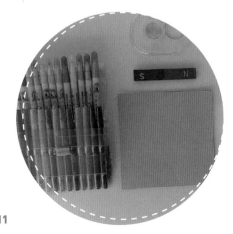

PART 1

3학년 1학기 교과서 따라잡는

재미있는 과학실험 놀이

PART 2
3학년 2학기
교과서 따라잡는
재미있는 과학실험 놀이

유튜브 채널
⇒ '아꿈선 초등3분과학'을 ⇐
소개합니다!

'아꿈선 초등3분과학'은 유튜브에 개설된 초등과학 전문 채널입니다. 아꿈선은 '아이들에게 꿈을 선물하는 선생님'이라는 뜻입니다. 2016년부터 전국 60여 명의 현직 초등학교 선생님이 학생에게 꿈을 선물하려는 목표에 맞추어 초등과학과 연계된 과학실험 콘텐츠를 만들고 있습니다. 현재 600개가 넘는 콘텐츠가 업로드되어 있고, 총 조회수는 400만이 넘었습니다.

이 책에 소개한 과학실험 놀이는 각 실험마다 함께 수록한 QR코드를 통해 유튜브 '아꿈선 초등3분과학'에서도 만나 볼 수 있습니다.

초등학생

- 과학이 너무 어려웠는데 아꿈선 덕분에 꿀공부해요.
- 평소에 좋아하던 과학을 더 재밌게 배울 수 있어서 정말 유익해요.
- 과학이 재미있어졌어요.
- 실험이 넘 재밌어요.
- 제 꿈이 과학자인데 정말 좋아요! 덕분에 과학점수가 올랐어요!

- 아이들이 과학 공부를 쉽게 할 수 있겠어요!
- 초등학교 교사들이 만든 실험이라 과학 교육에 도움이 돼요.

학부모

교사

- 방과후 과학강사인데 교과 연계 부분을 확인할 때 아주 유용합니다.
- 수업 준비에 많은 도움이 됩니다.
- 학생들에게 필요한 정보가 정말 많습니다.

꼬마 과학자가 되어 볼까요?

START

1 2 3 4 5 6 7 8

16 15 14 13 12 11 10 9

17

18

19 20 21 22 23 24 25 26 27 28

29

30

38 37 36 35 34 33 32 31

39

40

41 42 43 44 45 46 47 48 49 50

SCIENCE

이 책의 활용법

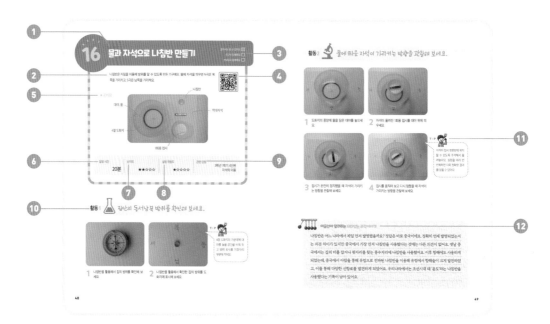

1. **실험 이름** : 제목을 보고 쉽고 재미있게 활동 내용을 알 수 있어요.

2. **관련 개념** : 실험과 연관된 개념을 간단하게 정리하여 한눈에 파악할 수 있어요.

3. **필요인원**: 난이도, 실험 위험도, 실험 내용에 따라 혼자 하는 것이 좋은지, 친구 또는 부모님과 함께 하는 것이 좋은지 표시해 두었어요.

4. **QR코드** : 스마트기기로 코드를 찍으면 관련 실험 영상을 볼 수 있어요.

5. **준비물** : 실험에 필요한 준비물을 실제 사진으로 제공하여 쉽게 확인할 수 있어요.

6. **실험 시간** : 실험하는 데 어느 정도 걸리는지를 알려 주어요.

7. **난이도** : 실험이 얼마나 어려운지를 별의 개수를 통해 알 수 있어요.

8. **실험 위험도** : 실험이 어느 정도 위험한지를 별의 개수를 통해 알 수 있어요.

9. **관련 단원** : 실험과 연계된 과학 교과서의 각 단원을 소개했어요.

10. **활동 방법** : 실험에 대한 과정을 사진과 설명을 통해 자세히 제시하여 누구든지 보고 쉽게 해 볼 수 있어요.

11. **TIP** : 실험에 필요한 꿀팁을 제시하여 실험이 원활하게 진행될 수 있도록 도와주어요.

12. **아꿈선이 알려주는 재미있는 과학이야기** : 실험과 관련된 추가적인 과학지식을 쌓을 수 있고, 과학 놀이도 할 수 있어요.

위험한 도구를 사용하거나 실험을 할 때 주의할 점

가위는 이렇게 사용하세요.

★ 가위가 가는 방향에 손가락을 올리지 않아요.

★ 가위를 사용할 때에는 무리하게 힘을 가하지 않아요.

★ 가위를 사용한 후에는 꼭 칼날이 보이지 않도록 닫아 두 어요.

★ 플라스틱 등 단단한 물건을 자를 때에는 장갑을 끼거나 주변 어른에게 부탁하세요.

★ 만약 가위에 베였다면 소독 후 깨끗한 헝겊 등을 이용해 지혈해요.

칼은 이렇게 사용하세요.

★ 칼을 자르는 방향에 손가락을 올리지 않아요.

★ 커터칼을 사용할 때 힘을 무리하게 가하지 않아요.

★ 힘을 무리하게 가하면 칼날이 부러지며 다칠 수 있어요.

★ 칼을 사용할 때 되도록 장갑을 끼어요.

★ 만약 칼에 베였다면 소독 후 깨끗한 헝겊 등을 이용해 지 혈해요.

불을 이용하는 실험은 이렇게 하세요.

★ 반드시 부모님과 함께 실험하세요.

★ 뜨거운 물체를 잡을 때는 화상 방지를 위해 목장갑을 끼 세요.

★ 주변에 탈 수 있는 물건들이 있다면 정리하세요.

★ 실험 전에 소화기의 위치와 사용법을 확인하세요.

★ 실험 전에 초의 고정 상태를 확인하세요.

★ 실험 직후에 뜨거워진 초를 손으로 만지지 않아요.

유리제품을 이용하는 실험은 이렇게 하세요.

★ 유리로 된 실험도구에 금이 갔는지 확인하고 금이 간 제품은 사용하지 않아요.

★ 물이 묻은 유리로 된 실험도구의 경우 미끄럽기 때문에 목장갑을 끼고 만지세요.

★ 유리 막대로 저을 때는 컵에 부딪치지 않게 손목 힘만으로 가볍게 저으세요.

★ 실험 후에는 반드시 깨끗하게 씻어서 말리세요.

★ 유리 주변에서는 장난치지 않고 조심히 움직이세요.

★ 실험을 중간에 멈출 경우 유리로 된 실험 도구는 반드시 안전한 장소로 옮겨 두세요.

★ 깨진 유리는 신문지, 뽁뽁이 등에 감싸 종량제 봉투에 버리세요.

화학약품을 이용하는 실험은 이렇게 하세요.

★ 피부에 닿을 경우 화상 등 피부에 이상이 생길 수 있으니 라텍스 장갑을 끼고 만지세요.

★ 봉사를 맨 손으로 만지면 화상을 입을 수 있어요.

★ 실험 중 화학약품이 손에 닿았다면 중성비누로 바로 씻어 내세요.

★ 절대로 먹거나 가까이에서 냄새를 맡지 마세요.

★ 화학 약품은 절대 맛보지 않는 것을 원칙으로 해요.

이 책의 실험과 초등 과학 교과서 연계 단원

실험 이름	학기	단원
01 울퉁불퉁 호두 관찰하기	3학년 1학기	1단원
02 울퉁불퉁 호두 길이 측정하기	3학년 1학기	1단원
03 크기 다른 알갱이를 통에 넣고 흔들기	3학년 1학기	1단원
04 비밀 상자 속 물체 맞히기	3학년 1학기	2단원
05 달라도 너무나 다른 물질들	3학년 1학기	2단원
06 다양한 물질로 만들어진 자동차	3학년 1학기	2단원
07 같은 물체를 왜 다른 물질로 만들까?	3학년 1학기	2단원
08 마법처럼 신기한 탱탱볼 만들기	3학년 1학기	2단원
09 신비한 알에서 나오는 나만의 동물	3학년 1학기	3단원
10 동물의 암컷과 수컷의 생김새	3학년 1학기	3단원
11 변신을 거듭하는 곤충의 한살이	3학년 1학기	3단원
12 신기한 동물의 한살이	3학년 1학기	3단원
13 붙였다 떼었다 재미있는 자석인형	3학년 1학기	4단원
14 힘이 센 자석의 극	3학년 1학기	4단원
15 철로 된 물체에 자석을 가까이	3학년 1학기	4단원
16 물과 자석으로 나침반 만들기	3학년 1학기	4단원
17 못으로 만드는 나만의 나침반	3학년 1학기	4단원
18 밀당하는 귀여운 자석들	3학년 1학기	4단원
19 나침반을 움직이는 자석의 힘	3학년 1학기	4단원
20 여기에도 자석, 저기에도 자석	3학년 1학기	6단원
21 지구의 다양한 모습	3학년 1학기	5단원
22 바다가 많을까? 육지가 많을까?	3학년 1학기	5단원
23 동글동글 둥근 지구	3학년 1학기	5단원
24 달나라로 떠나는 탐험	3학년 1학기	5단원
25 소중한 지구는 내가 지켜요	3학년 1학기	5단원

실험 이름	학기	단원
26 끌어당기기 왕, 자석 관찰	3학년 2학기	1단원
27 누가 누가 센 자석일까?	3학년 2학기	1단원
28 자석 탐구왕이 되어 보자	3학년 2학기	1단원
29 우리 주변에 사는 동물친구들	3학년 2학기	2단원
30 땅과 사막에 사는 동물친구들	3학년 2학기	2단원
31 동물친구 무리 짓기	3학년 2학기	2단원
32 동물친구와 함께 발명가 되어 보기	3학년 2학기	2단원
33 흙은 어떻게 만들어질까?	3학년 2학기	3단원
34 식물은 어떤 흙을 좋아할까?	3학년 2학기	3단원
35 운동장 흙과 화단 흙	3학년 2학기	3단원
36 땅이 변했어요	3학년 2학기	3단원
37 흙을 지켜 주자	3학년 2학기	3단원
38 나무, 물, 공기의 차이를 알아봐	3학년 2학기	4단원
39 막대를 컵에 담아 볼까요?	3학년 2학기	4단원
40 찰랑찰랑 물과 주스 관찰하기	3학년 2학기	4단원
41 보이지 않아도 느껴져요	3학년 2학기	4단원
42 스스로 부풀어오르는 풍선	3학년 2학기	4단원
43 공기의 힘으로 솟아오르는 분수 만들기	3학년 2학기	4단원
44 퓽퓽퓽퓽 공기대포 만들기	3학년 2학기	4단원
45 소리를 눈으로 볼 수 있을까요?	3학년 2학기	5단원
46 춤추는 모래 만들기	3학년 2학기	5단원
47 빨대로 만드는 나만의 악기	3학년 2학기	5단원
48 물속에서도 소리가 전달될까?	3학년 2학기	5단원
49 어디서 노래를 부르면 더 잘 불러질까?	3학년 2학기	5단원
50 시끄러운 소리를 막는 방법	3학년 2학기	5단원

PART 1

3학년 1학기
교과서 따라잡는

재미있는 과학실험 놀이

01 울퉁불퉁 호두 관찰하기

혼자서도 할 수 있어요 ☑
친구와 함께해요 ☐
부모님과 함께해요 ☐

관찰은 사물이나 현상을 주의하여 자세히 살펴보는 것을 말해요. 관찰을 할 때에는 눈, 코, 입, 귀, 피부의 5가지 감각기관을 사용하고, 감각기관으로 관찰하기 어려울 때는 돋보기, 청진기 등 도구를 사용하여 관찰해요. 자신의 생각을 이야기하는 것은 관찰 결과가 아니에요.

★ 준비물

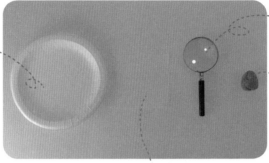

플라스틱 접시 ······

········ 돋보기

········ 깍지를 까지 않은 호두

······ 약포지
(없으면 A4용지 가능)

실험 시간	난이도	실험 위험도	관련 단원
10분	★☆☆☆☆	★☆☆☆☆	3학년 1학기 1단원 과학자는 어떻게 탐구할까요?

활동1 호두를 관찰해 보세요.

1 플라스틱 접시에 약포지(A4용지)를 놓으세요.

2 약포지 위에 깍지를 까지 않은 호두를 놓고 5가지 감각기관을 사용해 관찰해 보세요. 눈(살펴보기-어떻게 생겼나요? 어떤 게 보이나요?)

TIP 호두가 아니라도 좋아요. 쌀, 콩, 설탕 등 위험한 물질이 아니라면 어떤 것이라도 관찰할 수 있어요.

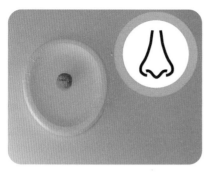

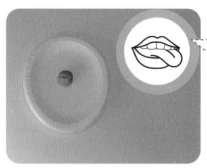

TIP

모르는 물질일 경우에는 냄새를 맡거나 맛을 보는 것은 위험하니 하지 않도록 해요.

3 코(냄새 맡기-어떤 냄새가 나나요?)

4 입(맛보기-어떤 맛인가요?)

5 귀(소리 듣기-흔들어 보면 어떤 소리가 들리나요?)

6 피부(만져 보기-어떤 느낌이 드나요?)

활동2 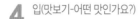 관찰도구를 이용해 관찰해 보세요.

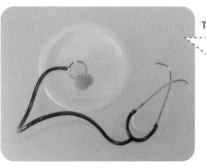

TIP

청진기 사용 시 큰소리가 나는 곳에 대지 않고 청진판에 소리를 지르거나 장난치지 않아요.

1 돋보기를 이용해 호두를 살펴보세요. (훨씬 크게 보여요.)

2 청진기를 이용해 호두 흔드는 소리를 들어 보세요(소리가 훨씬 크게 들려요.)

✏️ 내가 관찰한 물질 그림그리기

⭐ 관찰한 내용 찾아보기

눈 :

코 :

입 :

귀 :

피부 :

 아꿈선이 알려주는 재미있는 과학놀이

가족과 함께 관찰 게임을 해 보세요.

1. 관찰하고자 하는 물질을 하나 정하세요.(예, 사과)

2. 과학자가 되어 관찰해 봅시다.

3. 5가지 감각기관을 사용하여 관찰한 내용을 돌아가며 하나씩 이야기해 보세요.

  (빨간색이다, 새콤달콤한 맛이 난다. 표면에 거칠거칠한 부분이 있다. 등)

4. 관찰한 내용을 이야기하지 못한 사람은 탈락하고, 끝까지 관찰한 내용을 이야기한 사람이 승리해요.

02 울퉁불퉁 호두 길이 측정하기

혼자서도 할 수 있어요 ☑
친구와 함께해요 ☑
부모님과 함께해요 ☐

측정은 길이, 넓이, 부피, 들이, 무게 시간, 온도 등의 양을 재는 것을 말해요. 측정할 때에는 정확한 측정을 위해 측정도구를 사용해요. 정확한 결과를 얻기 위해서는 측정을 여러 번 해 보도록 해요.

★ 준비물

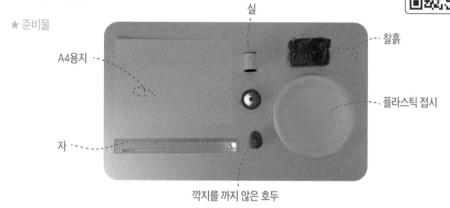

A4용지

실

찰흙

플라스틱 접시

자

깍지를 까지 않은 호두

실험 시간	난이도	실험 위험도	관련 단원
10분	★★☆☆☆	★☆☆☆☆	3학년 1학기 1단원 과학자는 어떻게 탐구할까요?

활동1 호두 길이를 재어 보세요.

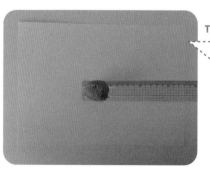

TIP
호두의 한쪽 끝을 자의 눈금 '0'에 맞추어서 측정하면 편하게 잴 수 있어요

1 호두를 A4용지 위에 놓고 호두의 길이를 어림해 보세요.

2 호두를 자 위에 올려놓고 호두의 길이를 재어 보세요.

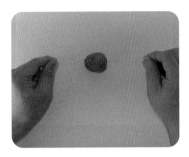 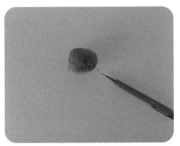 

3 실과 자를 이용하여 호두 길이를 재어 보세요.(실을 이용해 호두 길이를 표시하고 실의 길이를 자로 재어 보세요.)

4 종이와 자를 이용하여 호두 길이를 재어 보세요.(종이에 호두 길이를 연필로 표시하고 표시한 부분을 자로 재어 보세요.)

5 찰흙과 자를 이용하여 호두 길이를 재어 보세요.(찰흙 위에 호두를 눌러서 표시하고 표시한 부분을 자로 재어 보세요.)

활동2 측정한 길이를 비교해 보세요.

● **어림한 길이:** (   )

● **측정한 길이**

구분	1차	2차	구분	1차	2차
자로 측정한 길이			자와 종이를 이용한 길이		
자와 실을 이용한 길이			자와 찰흙을 이용한 길이		

 아꿈선이 알려주는 재미있는 과학놀이

친구와 '어림한 길이 맞히기' 게임을 해 보세요.

1. 측정할 대상을 1가지 정해요.

2. 친구와 종이에 어림한 길이를 적어 놓아요.

3. 측정 대상을 측정 도구를 사용해 다양한 방법으로 측정해요.

4. 어림한 값과 측정한 값의 차이가 적은 친구가 승리해요.

예상은 앞으로 일어날 일을 미리 생각해 보는 것을 말해요. 비슷한 실험의 결과나 관찰한 내용을 바탕으로 규칙을 찾으면 더 쉽게 예상할 수 있어요.

★ 준비물

땅콩
팥
쌀
아몬드
뚜껑이 있는 투명한 플라스틱통
숟가락

실험 시간	난이도	실험 위험도	관련 단원
10분	★★☆☆☆	★★☆☆☆	3학년 1학기 1단원 과학자는 어떻게 탐구할까요?

활동1 크기가 다른 알갱이를 통에 넣고 흔든 후 관찰해 보세요.

1 쌀 5숟가락과 땅콩 2숟가락을 플라스틱통에 넣고 흔들어 고루 섞으세요. 통을 가로로 눕혀서 흔들면 더 잘 섞을 수 있어요.

2 플라스틱통을 좌우로 10번 정도 흔들고 통 안의 변화를 관찰해 보세요.

3 쌀 5숟가락과 아몬드 2숟가락을 플라스틱통에 넣고 흔들어 고루 섞으세요.

TIP
쌀, 땅콩, 아몬드가 아니더라도 알갱이의 크기가 다른 어떤 것을 활용해도 좋아요.(예, 비즈 알갱이, 구슬, 모래 등)

4 플라스틱통을 좌우로 10번 정도 흔들고 통 안의 변화를 관찰해 보세요.

활동2 다음에 일어날 일을 예상해 보세요.

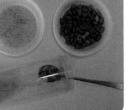

TIP
쌀과 땅콩, 쌀과 아몬드를 섞고 좌우로 흔들었을 때의 변화를 생각하며 예상해 보세요.

1 앞에서 실험한 결과를 바탕으로 쌀과 팥을 섞었을 때 변화를 예상해 보세요.

2 어떻게 되었을까요?

아꿈선이 알려주는 재미있는 과학이야기

쌀, 땅콩, 아몬드, 팥 4가지를 모두 섞고 흔들면 어떻게 될까요? 어떻게 될지 미리 예상해 보고 실험해 보세요. 이 실험은 '브라질너트 효과'라고 불리는 실험이에요. 여러 가지 견과류가 섞여 있는 견과류 캔의 운반 과정에서 알갱이 크기가 가장 큰 브라질너트가 제일 위에 있는 것에서 유래했어요. 크기가 다양한 고체의 혼합물을 섞고 흔들면 가운데 부분은 위로 올라가고 가장자리 부분은 아래로 내려가는데, 이때 크기가 큰 알갱이는 위로 올라오지만 가장자리에서 다시 내려가지 못하기 때문에 크기가 큰 알갱이만 위에 남게 돼요.

비밀 상자 속 물체 맞히기

혼자서도 할 수 있어요 ☐
친구와 함께해요 ☑
부모님과 함께해요 ☑

물체는 구체적인 형태를 가지고 있는 것, 우리 눈에 보이고 만질 수 있는 것을 말해요. 눈으로 직접 보지 않고도 냄새를 맡거나, 흔들어 소리를 듣거나, 손으로 만져 어떤 물체인지 알아 맞힐 수도 있어요.

★ 준비물

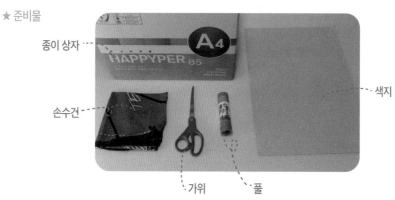

종이 상자 ····
손수건 ···
가위
풀
색지

실험 시간	난이도	실험 위험도	관련 단원
30분	★★☆☆☆	★★★☆☆	3학년 1학기 1단원 과학자는 어떻게 탐구할까요?

활동1 비밀 상자를 만들어 보세요.

1 상자의 윗부분에 손이 들어갈 수 있는 구멍을 만드세요. 가위로 종이를 자를 때 손이 다치지 않게 주의해요.

2 상자의 앞부분에 다른 사람들이 볼 수 있도록 네모난 구멍을 만드세요.

3 상자에 색지를 붙여 꾸며 보세요. 손이 들어가는 구멍에 손을 다칠 수도 있기 때문에 테이프를 구멍 둘레에 붙여 주어요.

활동2 비밀 상자 속 물체를 알아맞혀 보세요.

1 알아맞힐 친구는 손수건으로 눈을 가리고, 다른 친구는 비밀 상자 안에 물체를 넣으세요.

TIP

비밀 상자 속에는 날카롭거나 위험한 물건을 넣지 않도록 해요.

2 상자 속의 냄새를 맡거나 상자를 흔들어 보고, 손을 넣어 만져 본 다음 상자 속의 물체가 무엇인지 짐작해 보세요. 짐작한 물체의 이름을 이야기하고, 그 이유를 설명하세요.

3 손수건을 벗고 짐작한 물체의 이름이 맞는지 확인해 보세요.

 아꿈선이 알려주는 재미있는 과학놀이

친구와 함께 '비밀 상자 속 물건 알아맞히기' 게임을 해 보세요.

1. 비밀 상자에 넣을 물건을 각자 5가지씩 준비해요.

2. 상대 친구가 손수건으로 눈을 가리면 5가지 물건을 모두 비밀 상자 속에 넣어요.

3. 손으로 비밀 상자 속 물건을 만져 5가지 물건을 모두 알아맞히는 데 걸리는 시간을 측정해요.

4. 더 빨리 5가지 물건을 모두 알아맞힌 친구가 승리해요.

05 달라도 너무나 다른 물질들

금속은 단단하고 무겁고 물에 뜨지 않아요. 플라스틱은 가볍고 튼튼하고 물에 뜨고 다양한 모양과 색이 있어요. 나무는 금속보다 가볍고 고무보다 단단하고 물에 떠요. 고무는 구부리면 잘 휘어지고 잘 늘어나고 물에 뜨지 않아요.

★ 준비물

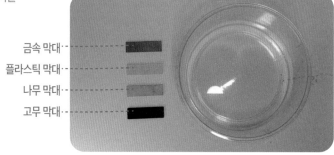

금속 막대
플라스틱 막대
나무 막대
고무 막대

물이 담긴 수조

실험 시간	난이도	실험 위험도	관련 단원
20분	★★☆☆☆	★★★☆☆	3학년 1학기 2단원 물질의 성질

활동 1 여러 가지 물질로 이루어진 물건을 찾아 보세요.

1 금속으로 만들어진 물건들이에요.

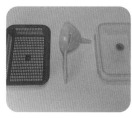

2 플라스틱으로 만들어진 물건들이에요.

3 나무로 만들어진 물건들이에요.

4 고무로 만들어진 물건들이에요.

활동2 물질의 성질을 알아보세요.

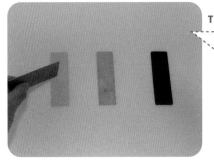

TIP

금속이나 나무를 긁어 볼 때 손을 다치지 않게 주의해요.

1 물질을 눈으로 보고, 손으로 만져 보면서 성질을 알아보세요.

2 막대를 서로 긁어 보면서 가장 단단한 물질을 찾아보세요. 굳기는 물질의 단단한 정도를 말해요. 굳기가 강할수록 그 물질은 잘 긁히지 않아요.

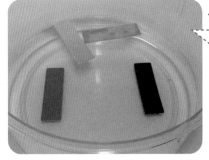

TIP

부력은 물속에서 물이 물체를 위로 밀어 올리는 힘을 말하고, 밀도는 일정한 면적에 무엇이 빽빽이 들어 있는 정도를 말해요. 부력이 크고 밀도가 낮은 물질일수록 물 위에 잘 떠요.

3 구부려서 휘어지는 정도를 알아보세요. 고무는 잘 휘어지지만 나머지 물질들은 잘 휘어지지 않아요.

4 물에 넣어 뜨는 물질과 가라앉는 물질을 알아보세요. 플라스틱과 나무는 물에 뜨고 금속과 고무는 가라앉아요.

 아꿈선이 알려주는 재미있는 과학이야기

나무 막대와 플라스틱 막대는 물에 뜨지만 금속 막대는 물에 가라앉아요. 그런데 금속으로 만든 배는 어떻게 물에 떠 있을 수 있을까요? 그 이유는 금속으로 만든 배가 물보다 가볍기 때문이에요. 금속 자체는 물보다 무겁지만 배 안에 비어 있는 공간이 많아 같은 부피의 물보다 배가 가벼워서 바다 위에 뜰 수 있어요.

다양한 물질로 만들어진 자동차

금속으로는 단단하고 튼튼한 물건을 만들 수 있고, 플라스틱으로는 가벼우면서도 튼튼한 물건을 다양한 색과 모양으로 만들 수 있어요. 고무로는 잘 늘어나고 유연하고 충격을 흡수하는 물건을 만들 수 있고, 나무로는 가볍고 단단한 물건을 만들 수 있어요.

★ 준비물

연필

커터칼

플라스틱병

고무장갑

실험 시간	난이도	실험 위험도	관련 단원
20분	★★☆☆☆	★☆☆☆☆	3학년 1학기 2단원 물질의 성질

활동1 물질의 성질을 이용한 물건을 찾아보세요.

1 금속-커터칼: 금속으로 만들어서 단단하기 때문에 다양한 물질을 잘 자를 수 있어요.

2 플라스틱-플라스틱병: 플라스틱으로 만들어 투명해서 안을 볼 수 있고, 가볍고 잘 깨지지 않아요.

3 나무-연필: 나무로 만들어서 가볍고, 금속보다 무르기 때문에 연필깎이로 깎아 쓸 수 있어요.

4 고무-고무장갑: 물에 젖지 않고, 잘 늘어나서 사용하기 편리해요.

자동차 프레임
안전을 위해 금속을 이용하여
튼튼하게 만들어요.

자동차 유리창
앞을 잘 볼 수 있도록 유리를
이용하여 만들어요.

자동차 타이어
충격을 흡수하기 위해 고무를
사용하여 만들어요.

자동차 내부
자동차의 무게를 가볍게 하기
위해 플라스틱으로 만들어요.

✏️ 내가 만들고 싶은 자동차를 그린 다음 각 부위별로 어떤 물질이 사용되었는지,
그 물질을 사용했을 때 어떤 좋은 점이 있는지 적어 보세요.

07 같은 물체를 왜 다른 물질로 만들까?

혼자서도 할 수 있어요 ☑
친구와 함께해요 ☐
부모님과 함께해요 ☑

종류가 같은 물체라고 하더라도 서로 다른 물질로 만들면 각각의 좋은 점이 다르기 때문에 필요한 상황에 따라 사용할 수 있어 좋아요.

★ 준비물

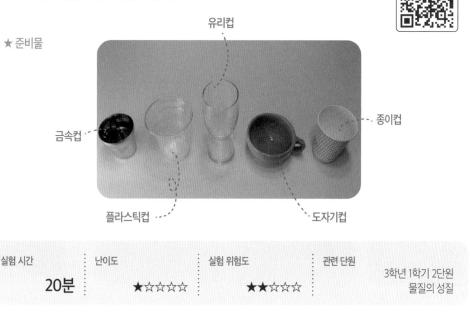

유리컵
금속컵
종이컵
플라스틱컵
도자기컵

실험 시간	난이도	실험 위험도	관련 단원
20분	★☆☆☆☆	★★☆☆☆	3학년 1학기 2단원 물질의 성질

활동1 여러 가지 다른 물질로 만든 컵의 좋은 점을 찾아보세요.

1 금속컵: 단단하고 튼튼하기 때문에 잘 깨지지 않고, 오래 사용할 수 있어요.

2 플라스틱컵: 가볍고 단단하며, 다양한 색과 모양으로 만들 수 있어요.

3 유리컵: 투명해서 내용물을 확인하기 쉽고 아름다워요.

TIP

우리 집에서 사용하는 그릇은 어떤 물질로 만들어졌고, 어떤 좋은 점이 있을지 찾아보아요.

4 도자기컵: 내용물을 오랜 시간 동안 따뜻하게 보관할 수 있어요.

5 종이컵: 가볍고 사용 후 뒤처리가 간편해요.

활동2 서로 다른 물질로 만들어진 장갑의 좋은 점을 알아보아요.

1 비닐장갑: 얇고 투명해요. 물이 들어오지 않아요.

2 고무장갑: 잘 늘어나요. 미끄러지지 않아요.

3 면장갑: 부드러워요. 따뜻해요.

4 가죽장갑: 질겨요. 부드러워요.

TIP

장갑을 직접 착용해 보고 좋은 점을 생각해 보면 쉽게 알 수 있어요.

 아꿈선이 알려주는 재미있는 과학이야기

화재가 발생했을 때 가장 먼저 달려가는 소방관 아저씨들은 어떤 물질로 만들어진 장갑을 착용할까요? 소방관 아저씨들은 메타 아리미드 섬유라는 특수물질로 제작된 장갑을 착용하는데, 이 장갑을 착용하면 300℃가 넘은 온도에서도 불에 타지 않고 화재 진압을 할 수 있어요.

08 마법처럼 신기한 탱탱볼 만들기

혼자서도 할 수 있어요 ☐
친구와 함께해요 ☐
부모님과 함께해요 ☑

물과 붕사가루, 폴리비닐알코올 가루를 섞었는데 전혀 다른 성질인 탱탱볼이 만들어졌어요. 서로 다른 물질을 섞었을 때 성질이 변하지 않는 물질도 있지만, 서로 다른 물질이 섞었을 때 본래 가지고 있던 성질과 전혀 다른 성질로 변하기도 해요.

★ 준비물

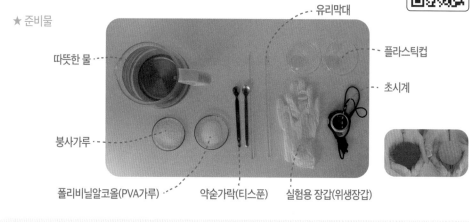

따뜻한 물
붕사가루
폴리비닐알코올(PVA가루)
약숟가락(티스푼)
실험용 장갑(위생장갑)
유리막대
플라스틱컵
초시계

실험 시간	난이도	실험 위험도	관련 단원
30분	★★★★★	★★★★★	3학년 1학기 2단원 물질의 성질

활동1 물질을 관찰해 보세요.

1 붕사가루, 폴리비닐알코올을 관찰해 보세요.

2 돋보기를 활용해서 색깔, 가루의 크기, 가루의 모양 등을 자세히 관찰해 보세요.

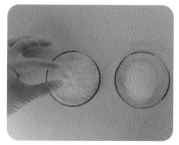

3 실험용 장갑을 착용하고 촉감을 느껴보세요. 붕사가루와 폴리비닐알코올을 맨손으로 만지면 위험해요. 절대 먹거나 냄새를 맡지 않도록 주의하세요.

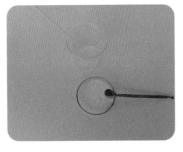

1 따뜻한 물에 붕사가루를 2숟가락 넣고 유리막대로 저어 주세요. 컵 안의 물이 뿌옇게 흐려지는 걸 볼 수 있어요.

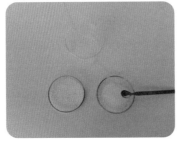

2 폴리비닐알코올을 5숟가락 넣고 유리막대로 저어 주세요. 뭔가가 생기기 시작했어요.

TIP

붕사가루와 폴리비닐알코올을 2:5의 비율로 더 많이 넣어 주면 더 큰 탱탱볼을 만들 수 있어요

3 플라스틱컵 안의 물질의 변화를 관찰해 보세요.

TIP

물기가 마르기 전에 바닥에 튕기거나 너무 오래 물에 넣어 두었다가 꺼내면 탱탱볼이 부서질 수 있어요.

4 2분 30초가 지나면 컵 안의 물질을 꺼내세요.

5 꺼낸 물질을 손으로 동그랗게 다듬으면 탱탱볼이 만들어져요.

6 탱탱볼 완성이에요.

● **집에서도 나만의 탱탱볼을 만들어 보세요.**

☆ 집에서는 플라스틱컵 대신 종이컵, 실험용 장갑 대신 1회용 위생장갑, 약숟가락 대신 티스푼으로 실험할 수 있어요.

☆ 식용색소를 넣어 주면 알록달록 예쁜 나만의 탱탱볼을 만들 수 있어요.

09 신비한 알에서 나오는 나만의 동물

혼자서도 할 수 있어요 ☑
친구와 함께해요 ☑
부모님과 함께해요 ☐

동물이 알이나 새끼로 태어나서 성장한 후에 자손을 남기고 죽을 때까지의 과정을 동물의 한살이라고 말해요.

★ 준비물

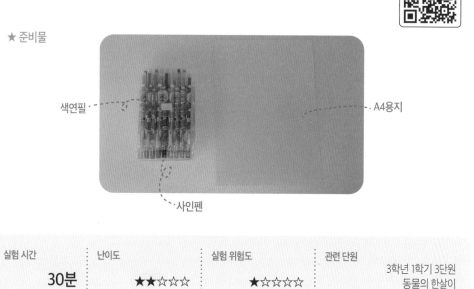

색연필 ····· A4용지

사인펜

실험 시간	난이도	실험 위험도	관련 단원
30분	★★☆☆☆	★☆☆☆☆	3학년 1학기 3단원 동물의 한살이

 활동1 여러 가지 동물의 알을 관찰해 보세요.

뱀	닭	연어	개구리

TIP

곤충도 동물이에요. 동물에는 곤충류, 조류, 포유류, 양서류, 어류, 파충류 등이 있어요.

	태어났을 때 모습	다 자랐을 때 모습
예시		
직접 그려보기		

TIP

상상한 동물이 어떤 모습인지 특징을 살려 구체적으로 그려 보세요 (날개는 있는지? 다리는 몇 개인지? 색은 어떤 색인지? 다 자란 모습은 태어났을 때랑 어떻게 다른지? 등)

 아꿈선이 알려주는 재미있는 과학이야기

-실버아로와나: 수컷이 입 속에 알을 넣고 부화시켜요.

-물장군: 암컷이 알을 낳으면 수컷이 알을 품어 부화시켜요.

-납자루: 민물조개 속에 산란하여 알을 부화시켜요.

-해마: 암컷은 수컷의 배에 있는 육아낭 속에 알을 낳고, 수컷은 뱃속에서 부화시켜 키우다가 어느 정도 자라면 새끼를 낳아요.

-에뮤: 대형 조류인 에뮤는 초원에 알을 낳는데 알이 짙은 초록색으로 보호색을 띠어요.

10 동물의 암컷과 수컷의 생김새

암수의 생김새가 사자·사슴·사슴벌레·게와 같이 바로 구별되는 동물도 있고, 토끼·펭귄·까치·나비와 같이 바로 구별하기 어려운 동물도 있어요. 동물의 암수가 하는 역할은 동물에 따라 달라요.

★ 준비물

동물도감 ······ 스마트 기기

실험 시간	난이도	실험 위험도	관련 단원
30분	★★★☆☆	★☆☆☆☆	3학년 1학기 3단원 동물의 한살이

활동 1 암컷과 수컷의 생김새가 다른 동물 찾아보기

동물의 종류	사자	사슴	사슴벌레	꿩
암컷				
수컷				

활동2   암컷과 수컷의 생김새가 비슷한 동물 찾아보기

토끼	펭귄	까치	나비

활동3   알이나 새끼를 돌보는 과정에서 암수가 하는 역할

꾀꼬리		물장군	
암수가 함께 돌보는 동물		수컷이 돌보는 동물	
소		개구리	
암컷이 돌보는 동물		암수 모두 돌보지 않는 동물	

 아꿈선이 알려주는 재미있는 과학이야기

피라미라는 물고기는 짝짓기를 할 시기가 되면 수컷 피라미의 경우 배와 지느러미의 색이 화려하게 바뀌어요. 이러한 색을 혼인색이라고 해요. 혼인색을 띠는 수컷 피라미는 암컷과 한눈에 구별되지만, 짝짓기를 하는 시기가 끝나고 나면 혼인색이 사라지기 때문에 암수의 구별을 하기 어려워져요.

변신을 거듭하는 곤충의 한살이

탈바꿈은 곤충이 성장하면서 모양이나 형태를 바꾸는 것을 말해요. 곤충에 따라 완전 탈바꿈하기도 하고 불완전 탈바꿈하기도 해요.

★ 준비물

곤충도감 ······· 스마트 기기

실험 시간	난이도	실험 위험도	관련 단원
40분	★★★★☆	★☆☆☆☆	3학년 1학기 3단원 동물의 한살이

활동1 완전 탈바꿈하는 곤충의 한살이

● 완전 탈바꿈은 곤충의 한살이 과정에서 번데기 단계를 거치는 것을 말해요.
완전 탈바꿈을 하는 곤충의 한살이는 '알-애벌레-번데기-어른벌레' 과정을 거쳐요.

구분	알	애벌레	번데기	어른벌레
나비				

완전 탈바꿈하는 곤충을 찾아 한살이 그려 보기

TIP

애벌레의 모습과 어른벌레의 모습을 비교해 보세요 신기하게도 전혀 다르죠? 완전 탈바꿈을 하는 곤충의 모습은 애벌레와 어른벌레와 전혀 다른 모습이에요

완전 탈바꿈을 하는 곤충들

무당벌레	장수풍뎅이	꿀벌

활동2 불완전 탈바꿈하는 곤충의 한살이

● 불완전 탈바꿈은 곤충의 한살이 과정에서 번데기 단계를 거치지 않는 것을 말해요.
불완전 탈바꿈을 하는 곤충의 한살이는 '알-애벌레-어른벌레' 과정을 거쳐요.

	알	애벌레	어른벌레
매미			

불완전 탈바꿈하는 곤충을 찾아 한살이 그려 보기

불완전 탈바꿈을 하는 곤충들

잠자리	사마귀	메뚜기

 아꿈선이 알려주는 재미있는 과학이야기

장수풍뎅이로 곤충의 한살이를 관찰해 보세요.

장수풍뎅이는 힘이 센 곤충 중 하나예요. 몸무게의 약 50배나 되는 무게도 들어 올릴 수 있어요. 장수풍뎅이는 집에서도 손쉽게 기를 수 있고, 1년 정도 관찰하면 알에서 성충까지 모두 관찰할 수 있기 때문에 한살이를 관찰하기 좋은 곤충이에요. 애벌레 시기에는 톱밥과 흙만 있으면 되기 때문에 특별히 많은 준비물이 필요 없어요. 어른벌레가 된 장수풍뎅이도 야행성이고, 애벌레도 햇볕을 싫어하기 때문에 그늘이나 어두운 곳에서 사육통을 두고 키워야 해요.

알을 낳는 동물과 새끼를 낳는 동물의 차이에 대해서 알아보아요.

★ 준비물

동물도감 ·········

········· 스마트 기기

실험 시간	난이도	실험 위험도	관련 단원
30분	★★★☆☆	★☆☆☆☆	3학년 1학기 3단원 동물의 한살이

활동1 알을 낳는 동물의 한살이

● 알을 낳는 동물에는 닭·개구리·타조·오리·거북이·연어·뱀 등이 있어요.
동물에 따라 알을 낳는 장소, 낳는 알의 수, 알의 크기가 달라요.

TIP

알

개구리의 알은 둥글고, 투명한 젤리 같은 물질로 쌓여 있어요.
개구리는 한 번에 수백 개에서 수천 개의 알을 낳아요.

↓

개구리알은 주로 물이 흐르지 않는 논이나 웅덩이에서 관찰할 수 있어요. 젤리 같은 물질 안에 검은 알이 하나씩 있으면 개구리알, 긴 젤리 같은 물질 안에 여러 개의 검은 알이 있으면 두꺼비알, 짧고 뭉툭한 젤리 같은 물질 안에 여러 개의 알이 박혀 있으면 도롱뇽알이에요.

올챙이	
	둥근 머리를 가지고 있고, 눈과 입이 있어요. 배부분은 투명하여 내장이 보여요. 꼬리를 이용하여 움직여요. 뒷다리가 나오고, 앞다리가 나와요.

 TIP 부화 후 15일이 되면 뒷다리가 나오고 25일이 지나면 앞다리가 나옵니다.

개구리	
	긴 혀를 통해 곤충 등을 잡아먹어요. 눈은 돌출되어 있고, 주로 피부로 호흡하기 때문에 피부가 촉촉해요. 뒷발가락에 물갈퀴가 있어요.

TIP 부화 후 55일이 지나면 꼬리는 짧아지고 다리는 길어져서 개구리의 모습이 돼요.

활동2 새끼를 낳는 동물의 한살이

● 새끼를 낳는 동물에는 개·소·토끼·호랑이·코끼리 등이 있어요. 동물에 따라 임신을 하는 기간과 한 번에 낳는 새끼의 수 등이 달라요. 새끼와 부모의 모습이 비슷하고, 젖을 먹여 새끼를 키워요. 다 자란 동물은 암수가 만나 짝짓기를 하고, 암컷이 새끼를 낳아요.

갓 태어난 송아지	
	어미소가 갓 태어난 송아지에게 묻어 있는 양수를 혀로 닦아 줘요. 눈을 뜨지 못하고 걷지 못해요. 어미의 젖을 먹으며 자라요.

 TIP 양수는 양막(태아를 둘러싼 얇은 막) 속에 있는 액체로 태아를 보호하는 역할을 해요.

큰 송아지	
	풀을 뜯어 먹고 자라요.

 TIP 생후 10개월 정도 지나면 소가 돼요.

소	
	짝짓기를 통해 암소가 새끼를 낳아요.

 TIP 다 자란 소는 몸무게가 450~1,000kg 정도 돼요. 수명은 약 20년 정도이고 암컷과 수컷 모두 뿔이 2개 있어요.

붙였다 떼었다 재미있는 자석인형

철을 끌어당기는 자기를 띤 물체를 자석이라고 해요.

★ 준비물

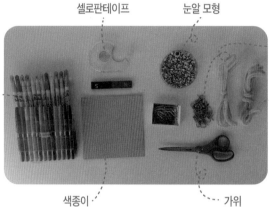

셀로판테이프   눈알 모형

색연필, 사인펜

철로 된 물체

철끈

색종이

가위

실험 시간	난이도	실험 위험도	관련 단원
30분	★★☆☆☆	★★★★☆	3학년 1학기 4단원 자석의 이용

 활동1   재미있는 자석 인형 만들기를 위한 준비

1 철로 된 물체를 찾아보세요. 철로 된 다양한 물체(나사, 클립, 빵끈 등)를 찾으면 더욱 재미있는 자석인형을 만들 수 있어요.

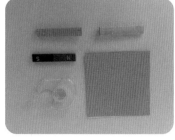

2 막대자석에 색종이를 입히세요. 나중에 막대자석을 깔끔하게 다시 사용하려면 풀보다는 셀로판테이프를 이용하는 것이 좋아요.

3 어떤 모양의 인형을 만들지 생각해 보세요.

활동2 재미있는 자석인형을 만들어 보세요.

TIP

철끈을 가위로 자를 때는 안전에 유의하도록 해요. 잘린 부위도 날카로우니 조심해요.

1 막대자석에 다양한 표정의 얼굴 모습을 그려 보세요. 가로 세로 구분 없이 원하는 모습을 그려도 돼요.

2 철로 된 여러 가지 물체를 붙여서 재미있는 자석인형을 완성해 보세요.

 활동3 자기가 만든 자석인형을 설명해 보세요.

● 어떤 인형을 만들었고, 사용된 재료가 무엇인지 친구에게 설명해 보세요.

 아꿈선이 알려주는 재미있는 과학놀이

자석인형을 활용해서 스톱모션을 만들어 보세요.

1. 주인공 자석인형을 만들고 같은 머리 모양을 가졌지만 다른 표정(즐거움, 놀람, 화남 등)의 주인공 인형을 여러 개 만드세요.

2. 주인공을 등장시켜서 하나의 짧은 이야기를 만드세요.

3. 자석을 조금씩 움직이며 여러 장의 사진을 촬영하세요.

4. 휴대폰 동영상 편집 앱(비바비디오, 키네마스터 등)을 다운로드한 후 편집을 해보세요.

14 힘이 센 자석의 극

혼자서도 할 수 있어요 ☑
친구와 함께해요 ☐
부모님과 함께해요 ☐

자석에서 물체를 끌어당기는 힘이 세어서 자석에 클립을 붙였을 때 클립이 많이 붙는 부분을 자석의 극이라고 해요. 자석에는 N극과 S극 2개의 극이 있고, 막대자석의 경우 양 끝에 자석의 극이 있어요.

★ 준비물

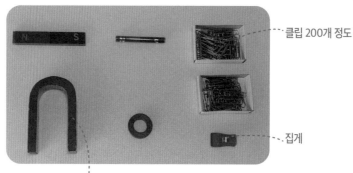

클립 200개 정도

집게

여러 종류의 자석

실험 시간	난이도	실험 위험도	관련 단원
20분	★★☆☆☆	★☆☆☆☆	3학년 1학기 4단원 자석의 이용

활동1 막대자석에 클립을 하나씩 붙여 많이 붙는 부분 찾기

1 막대자석의 양 끝부분과 중앙에 클립을 하나씩 붙여 보세요.

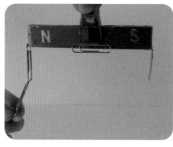

2 아래로 하나씩 클립을 추가해 붙여 보세요.

3 클립이 가장 많이 붙는 곳을 찾아보세요. 클립을 붙일 때 천천히 하나씩 붙여야 정확하게 실험을 할 수 있어요.

TIP

너무 짧은 막대자석을 사용하면 자석의 극을 찾기 어려워요. 하나의 막대자석을 잘라 2개로 만들어도 각각 N극과 S극 2개의 극을 가지고 있어요.

1 막대자석을 클립 더미에 넣었다가 천천히 들어 올리세요.

2 막대자석에서 클립이 가장 많이 붙는 부분을 찾아보세요.

활동3 여러 종류의 자석으로 클립이 많이 붙는 부분 찾기

1 둥근 모양 자석으로 실험해 보세요.

2 말굽 모양 자석으로 실험해 보세요.

3 원기둥 모양 자석으로 실험해 보세요. 극이 아닌 부분에도 클립이 붙지만 가장 많이 붙는 부분은 자석의 극이에요.

 아꿈선이 알려주는 재미있는 과학놀이

가족과 함께 자석 게임을 해 보세요.

1. 여러 종류의 자석을 준비하세요.

2. 가위바위보를 통해서 마음에 드는 자석을 하나씩 선택하세요.

3. 자석에 가능한 한 많은 클립을 붙이세요.

4. 본인이 선택한 자석에 가장 많은 클립을 붙인 사람이 승리해요.

15 철로 된 물체에 자석을 가까이

자석은 철로 된 물체를 끌어당기는데, 이 힘을 '자기력'이라고 해요. 물체와 떨어져 있어도 자기력이 작용하지만 멀리 떨어질수록 힘이 약해져요. 종이, 비닐, 고무, 플라스틱 등의 물질은 통과해서 물체를 끌어당길 수 있어요.

★ 준비물

투명한 통 ····
···· 빵끈 조각
···· 철솜가루

막대자석   식용유

실험 시간	난이도	실험 위험도	관련 단원
20분	★★★☆☆	★★★★☆	3학년 1학기 4단원 자석의 이용

활동1 철로 된 물체에 자석을 가져가면 어떻게 될까요?

TIP
빵끈 조각을 자를 때 주의해요

1 빵끈 조각을 투명통 안에 넣고 뒤집은 다음 자석을 가져가 보세요.

2 옆면에서 위쪽으로 자석을 옮겨 빵끈을 끌어당겨 보세요.

TIP

자석만 철로 된 물질을 끌어당기는 것이 아니라 철도 자석을 끌어당겨요. 냉장고 같은 큰 철로 된 물체에 자석을 가까이 가져가면 자석이 끌려가 붙어요.

3 자석을 통의 위쪽으로 점점 멀리 가져가 보세요.

4 거리가 멀어질수록 빵끈이 어떻게 되는지 관찰해 보세요

활동2 철솜가루에 자석을 가져가면 어떻게 될까요?

1 투명한 통 안에 식용유를 넣고 철솜가루를 넣은 다음 흔들어 주세요. 식용유의 점성 때문에 철솜가루가 천천히 움직여서 모습을 관찰하기 좋아요.

2 자석을 가까이 가져가며 투명한 통 안의 철솜가루를 관찰해 보세요.

3 자석을 점차 멀리 떨어뜨리면 철솜가루가 어떻게 되는지 관찰해 보세요. 철솜가루를 너무 많이 넣으면 철솜가루의 움직임을 보기 어려우니 조금씩 추가해서 넣도록 해요.

아꿈선이 알려주는 재미있는 과학이야기

냉장고 문, 자석드라이브, 자석 집게 등 자석은 우리 생활 속에서 많이 이용되고 있어요. 신용카드에도 자석이 이용돼요. 신용카드 까만 띠 부분에 철솜가루를 뿌리고 흔들어 주면 철솜가루가 일정하게 배열돼요. 그 위에 셀로판테이프를 붙였다가 떼어서 흰 종이 위에 붙여 주면 자석이 있는 부분을 관찰할 수 있어요. 하지만 자석으로 신용카드 까만 띠 부분을 문지른 후 철솜가루를 뿌리면 일정한 모양이 사라져요. 그래서 신용카드 주변에 자석을 가까이 두면 신용카드 정보가 사라져서 사용할 수 없게 돼요.

16 물과 자석으로 나침반 만들기

혼자서도 할 수 있어요 ✓
친구와 함께해요 ☐
부모님과 함께해요 ☐

나침반은 자침을 이용해 방위를 알 수 있도록 만든 기구예요. 물에 자석을 띄우면 N극은 북쪽을 가리키고, S극은 남쪽을 가리켜요.

★ 준비물

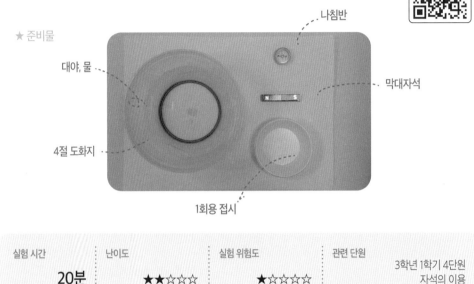

나침반

막대자석

대야, 물

4절 도화지

1회용 접시

실험 시간	난이도	실험 위험도	관련 단원
20분	★★☆☆☆	★☆☆☆☆	3학년 1학기 4단원 자석의 이용

활동1 집안의 동서남북 방위를 확인해 보세요.

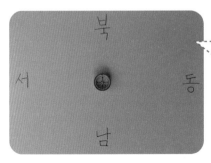

TIP

4절 도화지의 가운데에 대야를 놓을 공간을 비워 두고 방위 표시를 가장자리 부분에 적어요.

1 나침반을 활용해서 집의 방위를 확인해 보세요.

2 나침반을 활용해서 확인한 집의 방위를 도화지에 표시해 보세요.

활동 2 물에 띄운 자석이 가리키는 방향을 관찰해 보세요.

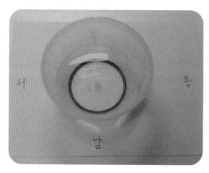

1 도화지의 중앙에 물을 담은 대야를 놓으세요.

2 자석이 올려진 1회용 접시를 대야 위에 띄우세요.

3 접시가 완전히 정지했을 때 자석이 가리키는 방향을 관찰해 보세요.

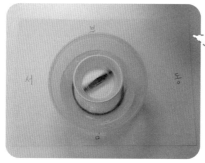

 TIP

자석이 접시 정중앙에 위치할 수 있도록 주의해서 올려놓아요. 실험을 여러 번 반복하면 더욱 정확한 결과를 얻을 수 있어요.

4 접시를 움직여 보고 다시 멈췄을 때 자석이 가리키는 방향을 관찰해 보세요.

 아꿈선이 알려주는 재미있는 과학이야기

나침반은 어느 나라에서 제일 먼저 발명했을까요? 정답은 바로 중국이에요. 정확히 언제 발명되었는지는 의견 차이가 있지만 중국에서 가장 먼저 나침반을 사용했다는 것에는 다른 의견이 없어요. 옛날 중국에서는 집의 터를 잡거나 묏자리를 찾는 풍수지리에 나침반을 사용했어요. 이후 항해에도 사용하게 되었는데, 중국에서 아랍을 통해 유럽으로 전파된 나침반을 이용해 유럽에서 항해술이 크게 발전하였고, 이를 통해 다양한 신항로를 발견하게 되었어요. 우리나라에서는 조선시대 때 '윤도'라는 나침반을 사용했다는 기록이 남아 있어요.

못으로 만드는 나만의 나침반

혼자서도 할 수 있어요 ☐
친구와 함께해요 ☐
부모님과 함께해요 ☑

철로 된 물체에 자석을 붙여 놓으면 그 물체도 자석의 성질을 띠게 되는데 이를 '자기화'라고 해요. 자기화된 물체를 이용해 나침반을 만들 수 있어요.

★ 준비물

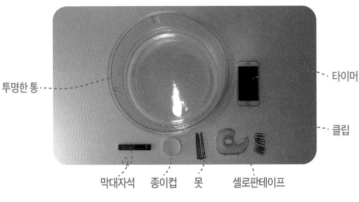

투명한 통
타이머
클립
막대자석   종이컵   못   셀로판테이프

실험 시간	난이도	실험 위험도	관련 단원
30분	★★★★☆	★★★☆☆ 못에 긁히지 않도록 유의해요	3학년 1학기 4단원 자석의 이용

 활동1 철로 된 물체를 자석의 성질을 띠도록 만들어 보세요.

1 자기화시키기 전에 못에 클립이 붙는지 붙여 보세요.

2 막대자석의 한쪽 극에 못을 30초 동안 붙여 놓으세요.

3 30초 동안 붙여 놓았던 못에 클립을 붙여 보고, 몇 개까지 붙일 수 있는지 알아보세요.

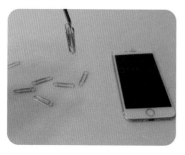

TIP

못 대신 침핀, 바늘, 머리핀 등 다양한 철로 만든 가늘고 긴 물체를 이용해도 돼요. 자석에 오랜 시간 붙여 놓는다고 해서 계속 자기력이 강해지지는 않아요. 일정한 시간이 지나면 자석의 성질을 잃어버리게 돼요.

 다른 못을 이용해 같은 방법으로 1분, 2분, 3분을 붙여 놓은 못에는 클립이 몇 개 붙는지 알아보세요

5 못을 한쪽 방향으로 여러 번 문지른 후 클립이 몇 개 붙는지 알아보세요. 가장 많은 클립이 붙은 못으로 나침반을 만들어 보세요.

활동2 철로 된 물체로 나침반을 만들어 보세요.

1 종이컵 아랫부분의 정중앙에 못을 올려놓고 셀로판테이프로 고정하세요.

2 물을 담은 대야에 만든 나침반을 올려놓으세요.

3 내가 만든 나침반과 실제 나침반의 방향이 일치하는지 관찰해 보세요. 종이컵 대신 스티로폼, 수수깡 등 물에 뜰 수 있는 것들을 이용할 수도 있어요.

 아꿈선이 알려주는 재미있는 과학이야기

우주에서도 나침반을 사용할 수 있을까요? 정답은 가능한 곳도 있고, 가능하지 않은 곳도 있어요. 우리 지구도 하나의 커다란 자석이라고 보면 돼요. 지구에는 자기력(자석이 서로 끌어당기거나 밀어냄으로써 서로에게 미치는 힘)이 미치는 범위인 '지구 자기권'이라는 것이 있어요. 이 지구 자기권 내에서는 나침반을 사용할 수 있지만, 지구 자기권을 벗어나면 나침반을 사용할 수 없어요.

18 밀당하는 귀여운 자석들

혼자서도 할 수 있어요 ☑
친구와 함께해요 ☐
부모님과 함께해요 ☑

자석은 같은 극끼리는 밀어내고, 다른 극끼리는 서로 끌어당겨요. N극과 N극, S극과 S극은 서로 밀어내고, N극과 S극은 서로 끌어당겨요. 자석이 같은 극끼리 밀어내는 힘을 '척력'이 라고 하고, 자석이 다른 극끼리 끌어당기는 힘을 '인력'이라고 해요.

★ 준비물

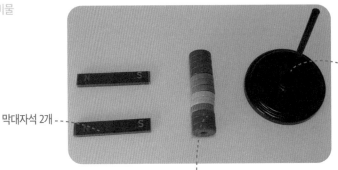

- 고리자석 끼우개

막대자석 2개 - - -

고리자석

나침반

실험 시간	난이도	실험 위험도	관련 단원
15분	★★☆☆☆	★☆☆☆☆	3학년 1학기 4단원 자석의 이용

활동1 자석이 서로 가까워지면 어떤 일이 일어나는지 살펴보세요.

1 손으로 막대자석을 잡고 가로로 S극 과 S극을 가까이 가져가 보세요.

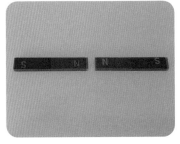

2 손으로 막대자석을 잡고 가로로 N극 과 N극을 가까이 가져가 보세요.

3 손으로 막대자석을 잡고 가로로 S극 과 N극을 가까이 가져가 보세요.

TIP
손으로 잡지 않고 평평한 곳에서 한 자석을 밀어서 실험을 할 수도 있어요.

4 손으로 막대자석을 잡고 세로로 같은 극끼리 마주 보고 가까이 가져가 보세요.

5 손으로 막대자석을 잡고 세로로 다른 극끼리 마주 보고 가까이 가져가 보세요.

 활동2 자석으로 탑을 쌓아 보세요.

1 고리자석에 막대자석을 가까이 가져가 고리자석의 극을 알아보세요. 막대자석의 N극을 가까이 가져가서 밀어내면 N극, 끌어당기면 S극이에요.

2 고리자석을 이용해 같은 극끼리 마주 보게 탑을 쌓아 보세요.

3 고리자석을 이용해 다른 극끼리 마주 보게 탑을 쌓아 보세요. 같은 극끼리 마주 보게 쌓으면 가장 높이 쌓을 수 있고, 다른 극끼리 쌓으면 가장 낮게 쌓을 수 있어요.

 아꿈선이 알려주는 재미있는 과학이야기

막대자석으로도 탑을 쌓을 수 있을까요? 스티로폼으로 된 아이스박스에 나무젓가락을 막대자석이 들어 갈 수 있는 크기로 꽂아 주세요. 여기에 막대자석을 하나씩 넣으며 실험을 해 보세요. 같은 극이 마주 보게 넣으면 자석이 둥둥 떠 있는 게 보여요.

나침반을 움직이는 자석의 힘

혼자서도 할 수 있어요 ☑
친구와 함께해요 ☐
부모님과 함께해요 ☐

나침반 주변에 자석의 S극을 가까이 가져가면 빨간색 나침반 바늘이 자석을 가리키고, N극을 가까이 가져가면 색이 없는 화살표의 나침반 바늘이 자석을 가리켜요.

★ 준비물

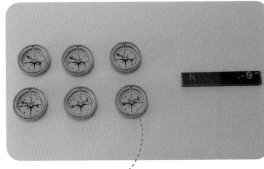

------ 막대자석

나침반 6개

실험 시간	난이도	실험 위험도	관련 단원
20분	★★★☆☆	★☆☆☆☆	3학년 1학기 4단원 자석의 이용

활동1 나침반에 자석을 가까이 가져가며 변화를 관찰해 보세요.

1 나침반을 바닥 위에 올려놓고 빨간색 바늘이 북쪽을 가리키게 맞추세요.

2 나침반에 자석의 S극을 점점 가까이 가져가며 나침반의 바늘 변화를 관찰해 보세요. 일정한 거리가 되면 점차 빨간색의 나침반 바늘이 자석 쪽을 향하게 돼요.

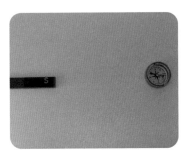

3 가까이 가져갔던 자석의 S극을 점점 멀리 가져가며 나침반의 바늘 변화를 관찰해 보세요. 일정한 거리가 되면 점차 빨간색의 나침반 바늘이 원래의 방향을 가리키게 돼요.

TIP

자석을 점점 가까이 가져갈 때 나침반의 바늘이 변하기 시작하는 곳이 자석의 힘이 미치는 공간이에요. 그 공간을 '자기장'이라고 해요.

4 나침반에 자석의 N극을 점점 가까이 가져가며 나침반의 바늘 변화를 관찰해 보세요. 일정한 거리가 되면 점차 색이 없는 나침반 바늘이 자석 쪽을 향하게 돼요.

5 가까이 가져갔던 자석의 N극을 점점 멀리 가져가며 나침반의 바늘 변화를 관찰해 보세요. 일정한 거리가 되면 점차 색이 없는 나침반 바늘이 원래의 방향을 가리키게 돼요.

활동2 자석 주위에 6개의 나침반을 놓고 변화를 관찰해 보세요.

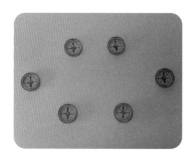

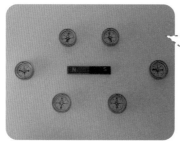

TIP

자석을 들어 N극과 S극을 바꾸어 다시 놓으면 나침반 바늘이 어떻게 달라지는지도 실험해 보세요.

1 가운데에 막대자석을 놓을 공간을 비워 놓고 6개의 나침반을 놓고 나침반 바늘을 관찰해 보세요.

2 6개의 나침반 가운데에 막대자석을 놓고 나침반 바늘의 변화를 관찰해 보세요. N극 쪽의 나침반은 색이 없는 바늘이 N극 쪽을 향하고, S극 쪽의 나침반은 빨간색 바늘이 S극 쪽을 향해요.

 아꿈선이 알려주는 재미있는 과학이야기

액체로 된 자석도 있어요. 바로 페로플루이드(Ferrofluid)라는 물질인데, 우리말로는 자성유체라고도 해요. 이 물질은 1963년 나사(NASA)에서 개발했어요. 무중력 상태인 우주에서는 연료를 주입하는 것이 어렵기 때문에 액체에 자석의 성질을 가진 작은 입자를 분산시켜 자기력을 이용해 연료를 끌어당길 수 있도록 만든 것이에요. 페로플루이드 옆에 자석을 가까이 가져가면 액체가 딸려오는데 그 모양은 마치 고슴도치처럼 뾰족하게 보여요.

여기에도 자석, 저기에도 자석

자석은 흔적을 남기지 않고 손쉽게 붙였다 떼어낼 수 있기 때문에 단추, 칠판자석, 휴대폰 거치대 등 다양한 곳에 쓰여서 생활을 편리하게 해주어요.

★ 준비물

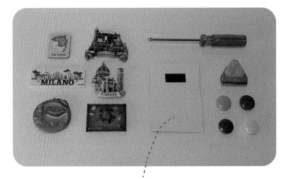

자석을 이용한 물건들

실험 시간	난이도	실험 위험도	관련 단원
30분	★★★☆☆	★☆☆☆☆	3학년 1학기 4단원 자석의 이용

활동1 우리 생활에서 자석이 활용되는 곳을 찾아보세요.

1 교실칠판자석: 종이같이 가벼운 물건은 언제든 편하게 부착할 수 있고, 편하게 위치를 바꿀 수 있어요.

2 광고 전단지 자석: 테이프를 이용하지 않기 때문에 깔끔하게 붙일 수 있고, 냉장고에 편하게 붙여 놓고 볼 수 있어요.

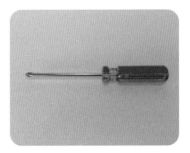

3 드라이버: 철로 된 나사가 떨어지지 않도록 고정할 수 있어요.

TIP

교실, 집 안 등 자주 사용하는 공간을 유심히 살펴보면 자석을 사용하는 곳이 생각보다 많이 있어요.

4 냉장고 자석: 병따개 등 자주 사용하는 물건을 손쉽게 찾고 사용할 수 있어요.

5 냉장고 문 자석: 냉장고 문이 살짝만 가까이 가도 닫힐 수 있도록 도와주어 냉장고가 열려 있는 것을 막아 주어요.

 활동2 자석을 이용한 생활용품 아이디어를 떠올리고 그려 보세요.

예시	그림	자석이 이용된 부분과 설명
자석 그릇과 쟁반		그릇의 아랫부분과 쟁반에 그릇을 놓을 부분을 자석으로 만들면 살짝 기울어지더라도 그릇이 떨어져서 깨지는 일이 생기지 않게 돼요.

TIP

대단한 발명품이 아니라 간단한 것도 괜찮아요. 예를 들어 책상 위의 볼펜이 떨어지지 않게 볼펜 중앙에 자석을 넣고 책상 끝부분에 자석을 넣는 것도 좋겠죠?

 아꿈선이 알려주는 재미있는 과학놀이

가족과 함께 자석을 이용해서 물건 찾기 놀이를 해 보세요.

1. 대형마트에 가족과 함께 쇼핑을 가요.

2. 각자 스마트폰을 들고 마트에서 자석을 이용한 물건 3개를 찾아요.

3. 찾은 물건은 사진을 찍어서 가족 단톡방에 올려요.

4. 3개 물건을 먼저 찾아 단톡방에 올린 사람이 승리해요.

21 지구의 다양한 모습

혼자서도 할 수 있어요 ☐
친구와 함께해요 ☑
부모님과 함께해요 ☑

지구의 표면은 산, 들, 바다, 계곡, 사막, 화산 등 다양한 모습으로 이루어져 있어요.

★ 준비물

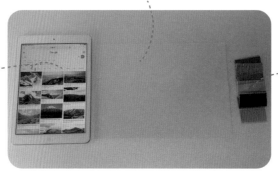

A4용지

스마트 기기

고무찰흙

실험 시간	난이도	실험 위험도	관련 단원
40분	★★☆☆☆	★☆☆☆☆	3학년 1학기 5단원 지구의 모습

활동1 지구의 표면을 관찰해 보세요.

● 지구의 표면에서 직접 본 것에 대해 이야기를 나누어 보세요.

● 스마트 기기를 이용하여 지구의 표면 모습을 찾아보세요. 구글 어스(Google Earth)를 이용하면
세계 여러 곳의 모습을 관찰할 수 있어요. 산은 산끼리, 화산은 화산끼리 등 같은 종류끼리 모아 살펴보면
같은 종류라도 위치한 곳에 따라 많은 차이(가파른 산, 낮은 산 등)가 있음을 알 수 있어요.

산

사막

빙하

호수

● 지구 표면의 모습 중 한 곳을 정해 자세히 관찰한 뒤 특징이 드러나게 글로 써 보세요.

바다: 바다는 먼 바다로 갈수록 짙은 파란색이고 가까운 바다일수록 옅은 파란색이에요. 파도가 치는 부분은 하얀색이에요. 물이 많이 있어요.

TIP
형태, 색, 다른 곳과 구별되는 점 등을 구체적으로 쓰는 게 좋아요.

활동2 관찰한 내용을 표현해 보세요.

● 16절 하드보드지 위에 관찰한 지구 표면의 모습을 고무찰흙으로 표현해 보세요.

● 자신의 작품을 친구나 가족에게 소개해 보세요.

아꿈선이 알려주는 재미있는 과학이야기

추워서 아무것도 살지 않을 것 같지만 북극의 툰드라(tundra: 북극해 부근의 얼어 있는 땅)에는 북극다람쥐꼬리, 북극쇠뜨기, 북극버들 등 1,500여 종의 식물이 살아요. 북극의 여름인 7~8월에도 기온이 10℃를 넘지는 않지만 눈과 얼음이 녹아 식물이 자랄 수 있어요. 대신 여름에만 자라기 때문에 다른 지역의 식물보다 키가 작아요. 그래서 10cm 이하의 나무들도 쉽게 볼 수 있어요.

22 바다가 많을까? 육지가 많을까?

지구의 표면은 크게 육지와 바다로 나눌 수 있어요. 지구 표면은 약 72%의 바다로 이루어져 있어 우주에서 보면 지구가 파랗게 보여요.

★ 준비물

┈┈세계지도

┈┈포스트잇(51mm×38mm) 노랑

실험 시간	난이도	실험 위험도	관련 단원
40분	★★★★☆	★☆☆☆☆	3학년 1학기 5단원 지구의 모습

 활동1 육지와 바다의 넓이를 비교해 보세요.

● 세계지도를 보고 왼쪽 위부터 차례대로 육지는 노란색 포스트잇, 바다는 파란색 포스트잇을 붙이고 숫자를 세어 보세요. 포스트잇을 덮어야 하는 곳의 육지가 바다보다 크다면 노란색 포스트잇을, 바다가 육지보다 크다면 파란색 포스트잇을 붙여요. 크기가 작은 포스트잇을 사용하면 보다 더 정확한 크기를 비교할 수 있어요.

● 노란색 포스트잇과 파란색 포스트잇의 수를 세어 지구에서 육지와 바다의 크기를 비교해 보세요.

● 구글 어스를 이용하여 지구의 육지와 바다 크기를 비교해 보세요.

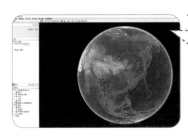

TIP

세계지도는 둥근 지구의 전체 모습을 평면에 나타내었기 때문에 실제 크기보다 더 크게 표현된 곳도 있어요. 세계지도보다 지구본에 나타난 육지와 바다 모습이 더 정확해요. 세계지도와 구글 어스 지구본에서 그린란드와 호주의 크기가 어떻게 표현되었는지 비교해 보면 알 수 있어요. 구글 어스 지구본에서도 육지와 바다 중 어디가 더 큰지 살펴보세요.

활동2 육지와 바다의 다른 점을 알아보세요.

● 육지의 물맛과 바다의 물맛 차이를 떠올려 보세요.

TIP

계곡, 바다에서 물놀이를 하면서 마시게 된 물맛을 떠올려 보세요. 육지의 물맛보다 바다의 물맛이 짜요.

아꿈선이 알려주는 재미있는 과학이야기

바닷물에서 짠맛이 나는 이유는 소금이 녹아 있기 때문이에요. 소금의 주성분은 염화나트륨이라는 물질인데, 바닷물 1,000이 있다고 하면 그중에 35가 염화나트륨이에요. 그럼 바다에는 왜 염화나트륨이 많을까요? 우주에서 지구가 생겨난 후 지구에는 아주 오랫동안 많은 비가 내렸어요. 이때 지구에 있는 물질들 중에서 물에 잘 녹는 물질들이 바다로 흘러 들어왔어요. 그중에서 대표적인 것이 염화나트륨이에요. 또 화산이 폭발하면서 생기는 물질들이 바닷물에 녹는데 이 속에도 염화나트륨이 포함되어 있어요.

23 동글동글 둥근 지구

혼자서도 할 수 있어요 ☐
친구와 함께해요 ☑
부모님과 함께해요 ☑

지구 밖 우주에서 인공위성으로 찍은 지구의 모습은 둥근 모양이에요.

★ 준비물

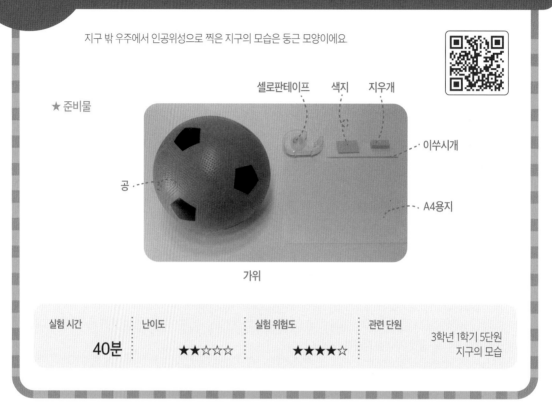

공 ··· 셀로판테이프 색지 지우개 이쑤시개 A4용지 가위

실험 시간	난이도	실험 위험도	관련 단원
40분	★★☆☆☆	★★★★☆	3학년 1학기 5단원 지구의 모습

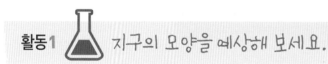

활동1 🧪 지구의 모양을 예상해 보세요.

먼 바다에서 항구로 들어오는 배의 모습

● 배의 돛대부터 보이는 모습을 보고 지구의 모양을 예상해 보세요.

✏️ 내가 생각하는 지구의 모양

☆ 이유:

 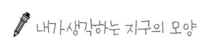 지구는 편평할까요? 둥글까요?

● 돛단배를 만들어 보세요.

1 이쑤시개를 4cm 정도 길이로 잘라 주세요.

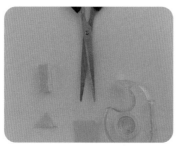

2 색지를 가위로 삼각형 모양으로 자르고 셀로판테이프를 붙여 돛대를 만들어요.

3 만든 돛대를 지우개에 꽂아 주세요.

● 지구가 편평하다면 배가 어떤 모습으로 항구로 들어올지 실험해 보세요.

1 A4용지를 편평한 지구, 지우개를 배라고 생각하고 실험해요.

2 한 친구는 탁자 끝에 시선을 맞춰 A4용지 위 지우개의 모습을 관찰해요.

3 다른 한 친구는 관찰하는 친구 쪽으로 A4용지 위의 지우개를 천천히 움직여요.

● 지구가 둥글다면 배가 어떤 모습으로 항구로 들어올지 실험해 보세요.

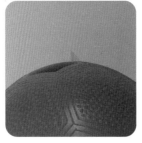

TIP

지우개가 공 뒤에 있을 때는 보이지 않다가 점점 일부에서 전체로 모습이 드러나요

1 공을 둥근 지구, 지우개를 배라고 생각하고 실험해요.

2 한 친구는 탁자 끝에 시선을 맞춰 공 위 지우개의 모습을 관찰해요.

3 다른 한 친구는 관찰하는 친구 쪽으로 지우개를 공 뒤에서부터 천천히 앞으로 움직여요.

아꿈선이 알려주는 재미있는 과학이야기

세계지도는 실제 지구 표면의 모습과 다른데 왜 그럴까요? 우리가 살고 있는 지구는 둥근 3차원의 모습이에요. 지구의 모습을 작게 축소한 지구본은 한눈에 지구 표면을 파악하기 어렵고 휴대하기 어렵기 때문에 만들어진 것이 지도예요. 하지만 지도는

2차원이기 때문에 실제 모습과 차이가 발생하게 돼요. 극으로 갈수록 크기 왜곡이 심해지는데, 이러한 점을 보완하기 위해 다양한 지도(페터스 도법, 로빈슨 도법 등)들이 만들어지고 있어요. 우리가 사용하는 대표적인 지도는 극으로 갈수록 크기가 크게 표현되는 메르카토르 도법의 지도예요.

24 달나라로 떠나는 탐험

달은 둥근 모양이에요. 표면은 회색빛인데 어두운 부분과 밝은 부분이 있어요. 달의 표면에서 주변보다 어둡게 보이는 부분을 '달의 바다'라고 해요. 달의 표면에는 운석이 충돌하며 생긴 크고 작은 구덩이가 있어요.

★ 준비물

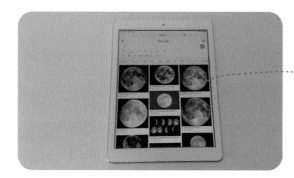

 ----- 스마트 기기

실험 시간	난이도	실험 위험도	관련 단원
40분	★★★★★	★★★☆☆	3학년 1학기 5단원 지구의 모습

활동1 구글 어스를 활용해 달의 모습을 관찰해 보세요.

● 구글 어스 프로그램을 설치하세요.

1 검색창에 구글 어스를 검색하세요.

2 구글 어스 사이트에 접속하세요.

3 어스 버전을 클릭하고 테스톱용 Google 어스 프로그램을 다운로드한 후 설치하세요.

4 구글 어스 프로그램을 실행하세요. 중앙 상단에 있는 위성 모양을 클릭해서 지구, 하늘, 화성, 달 중에서 달을 선택하세요.

● **구글 어스 프로그램으로 달의 모습을 관찰해 보세요.**

1 둥근 달의 모습이에요. 표면은 회색빛이에요.

2 어두운 부분과 밝은 부분이 있는데, 어두운 부분이 '달의 바다'예요.

TIP

구글 플레이스토어에서 '달'이라고 검색하면 휴대폰에서도 달의 모양을 관찰할 수 있는 앱이 많이 있어요. 그중에서도 한국과학창의재단에서 제작한 '달 탐사기지'라는 앱을 설치하면 가상의 달 기지를 탐사하고 달에서 지구를 관측해 보는 가상 VR게임도 해 볼 수 있어요.

3 표면에 운석이 충돌하며 생긴 크고 작은 구덩이가 있어요.

활동2 천체 망원경으로 달을 실제로 관찰해 보세요.

● 천체 망원경으로 관찰한 달의 모습

1 망

2 상현

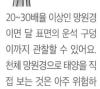

TIP

20~30배율 이상인 망원경 이면 달 표면의 운석 구덩 이까지 관찰할 수 있어요. 천체 망원경으로 태양을 직 접 보는 것은 아주 위험하 니 절대 하지 않도록 해요.

3 하현

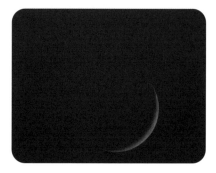

4 초승

 아꿈선이 알려주는 재미있는 과학이야기

달은 지구보다 중력(물체를 끌어당기는 힘)이 1/6 정도로 작아서 사람이 점프를 하면 지구에서보다 훨씬 높이 뛰어오를 수 있고, 천천히 내려와요. 달에는 대기가 없기 때문에 바람이 불지 않고, 소리도 들리지 않아요. 대기가 없어 영상 130℃에서 영하 170℃까지 온도 변화가 300℃까지 나요. 처음으로 달을 탐사한 나라는 구 소련으로 1959년에 루나 1호가 달 주변을 비행했어요. 1969년에는 미국에서 아폴로 11호를 발사해서 인류 최초로 닐 암스트롱이 달에 착륙했어요. 우리나라도 달 탐사 궤도선을 달에 보내려고 준비하고 있어요.

25 소중한 지구는 내가 지켜요

혼자서도 할 수 있어요 ☑
친구와 함께해요 ☐
부모님과 함께해요 ☑

무분별한 개발로 토양오염, 수질오염, 대기오염 등 환경오염으로 지구가 병들어 가고 있어요. 환경오염의 심각성을 알리고 지구를 보존하기 위해 4월 22일을 지구의 날로 정하고 많은 나라가 지구의 날 행사에 참여하고 있어요.

★ 준비물

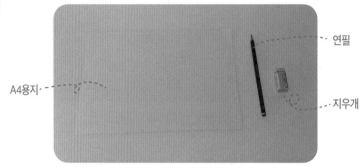

연필

A4용지

지우개

실험 시간	난이도	실험 위험도	관련 단원
40분	★★☆☆☆	★☆☆☆☆	3학년 1학기 5단원 지구의 모습

활동1 땅, 물, 공기를 보호하기 위해 할 수 있는 일을 찾아보세요.

분리 수거하기(땅)

쓰레기 버리지 않기(땅)

물 아껴 쓰기(물)

세제 사용 줄이기(물)

가까운 거리 걸어 다니기(공기)

대중교통 이용하기(공기)

TIP

어려운 것보다는 쉽게 실천할 수 있는 일들을 떠올려요. 1회용품 사용하지 않기, 길거리에 쓰레기 버리지 않기, 세수나 양치질을 할 때 필요한 양만큼 물을 받아서 쓰기 등이 있어요.

 활동2 이것만큼은 반드시! 1일 1실천 계획표를 세워 보세요.

TIP

실천 내용을 잘 실천했으면 ◎, 보통이면 ○, 부족했으면 △로 기록해요. 매달 실천내용을 바꾼다면 다양한 내용을 실천할 수 있어요. 이번 달 목표달성도가 만족스럽지 않다면 다음 달에 같은 내용에 도전하는 것도 좋아요.

 아꿈선이 알려주는 재미있는 과학이야기

분리수거된 쓰레기들은 어떻게 처리될까요? 우선 분리수거된 쓰레기들은 선별 과정을 거쳐요. 재활용이 되는 것만 따로 분류하고 나머지는 땅에 묻거나 태워요. 재활용이 되는 쓰레기들은 원재료를 만드는 소재로 다시 재활용돼요. 우리가 많이 사용하는 페트병은 재활용되는 양이 많지 않아요. 오물이 묻거나 라벨이 붙은 페트병을 재활용하려면 강한 바람과 물을 이용한 여러 차례의 분리 과정이 필요한데 그러기 위해서는 비용이 많이 발생하기 때문이에요. 이러한 이유로 쓰레기 재활용률이 40%를 넘지 못한다고 해요. 우리가 분리수거를 할 때 더 신경 쓴다면 지구 보존에 힘이 되겠지요?

PART 2

3학년 2학기
교과서 따라잡는
재미있는 과학실험 놀이

26

끌어당기기 왕, 자석 관찰

탐구는 기존에 가지고 있던 지식과 문제를 인식하고 실험을 수행하는 과학적 과정을 사용하여 새로운 과학적 개념을 쌓는 활동을 말해요. 탐구 문제를 정할 때는 검증 가능한 문제로 정해야 해요.

★ 준비물

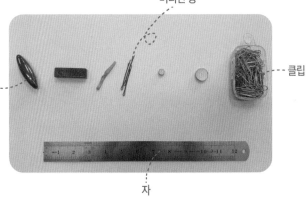

머리핀 등

클립

다양한 모양의 자석

자

실험 시간	난이도	실험 위험도	관련 단원
10분	★☆☆☆☆	★☆☆☆☆	3학년 2학기 1단원 주제를 정해서 탐구해 보아요.

활동1 자석을 관찰해 보세요.

1 자석의 크기를 관찰해 보세요.

2 자석의 길이를 측정해 보세요.

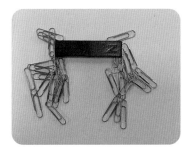

3 자석에 클립을 붙여 보세요. 어느 쪽에 클립이 가장 많이 붙었나요?

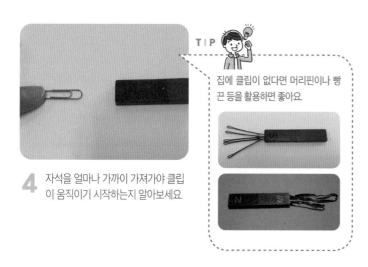

TIP

집에 클립이 없다면 머리핀이나 빵 끈 등을 활용하면 좋아요

4 자석을 얼마나 가까이 가져가야 클립이 움직이기 시작하는지 알아보세요.

활동2 자석과 관련된 궁금한 내용을 찾아보세요.

● 자석을 여러 개 이으면 자석에 클립이 더 많이 붙을까요?

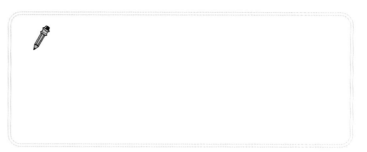

 아꿈선이 알려주는 재미있는 과학놀이

가족과 함께 탐구 문제 정하기 놀이를 해 보세요.

1. 관찰하고자 하는 물질을 각자 하나씩 정하세요. (예: 색깔이 다른 옷)

2. 정한 물질을 가지고 간단하게 탐구해 볼 수 있는 문제를 종이에 기록하세요. (예: 검은색, 흰색 옷 등 색깔이 다른 옷을 햇빛에 30분간 노출한 뒤 온도를 측정하면 어느 색의 옷이 더 온도가 높을까?)

3. 정한 탐구 문제를 가족과 돌아가며 발표하고, 함께 실험해 보세요.

27

누가 누가 센 자석일까?

탐구 결과는 탐구를 통하여 얻은 사실 및 정보를 말해요. 탐구 결론은 탐구 결과를 통하여 알게 된 사실을 말하며 탐구 문제에 대한 해답을 말해요.

★ 준비물

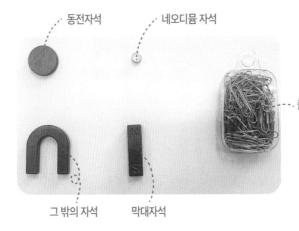

동전자석

네오디뮴 자석

클립

그 밖의 자석

막대자석

실험 시간	난이도	실험 위험도	관련 단원
20분	★☆☆☆☆	★★☆☆☆	3학년 2학기 1단원 주제를 정해서 탐구해 보아요.

활동 1 자석의 세기가 가장 센 자석을 알아보세요.

1 여러 가지 종류의 자석 중 자석의 세기가 가장 센 자석을 예상해 보세요.

2 여러 가지 종류의 자석에 직접 클립을 붙여 보세요. 결과를 적고 필요하다면 그림을 그려도 좋아요.

3 실험을 통해 알게 된 점을 가족 및 친구들과 이야기를 나누어 보세요.

활동2 길이에 따른 막대자석의 세기를 알아보세요.

1 막대자석 1개일 때 클립을 붙여 보세요.

2 막대자석 2개를 이어 붙였을 때 클립을 붙여 보세요.

3 막대자석 3개를 이어 붙였을 때 클립을 붙여 보세요.

 TIP

한 번 사용했던 클립은 자기화될 수 있기 때문에 따로 떼어 두고 사용하지 않은 클립을 사용하세요.

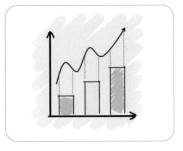

4 관찰한 결과를 표와 그래프로 나타내 보세요.

 아꿈선이 알려주는 재미있는 과학이야기

자신의 탐구 활동 과정에 대해 되돌아보면서 탐구 수행 과정이 효과적으로 진행되었는지 자기 평가표에 스스로 평가해 보세요.

자기 평가표

평가 내용	매우 그렇다	그렇다	보통이다
탐구 계획대로 실행했는가?			
탐구 결과를 사실대로 기록했는가?			
적극적으로 탐구 활동에 참여했는가?			
탐구 수행이 탐구 문제에 대한 답이 되었는가?			
안전에 주의하며 탐구를 수행했는가?			

28 자석 탐구왕이 되어 보자

혼자서도 할 수 있어요 ☐
친구와 함께해요 ☑
부모님과 함께해요 ☑

탐구한 내용에 따라 다양한 방법으로 탐구 결과를 발표하고, 다른 사람의 발표는 주의 깊게 들었다가 함께 대화하는 시간을 가져요.

★ 준비물

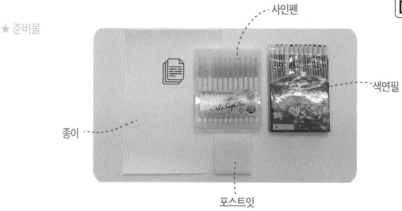

사인펜

색연필

종이

포스트잇

실험 시간	난이도	실험 위험도	관련 단원
40분	★★★☆☆	★☆☆☆☆	3학년 2학기 1단원 주제를 정해서 탐구해 보아요

활동 1 탐구 결과를 다양한 방법으로 발표해 보세요.

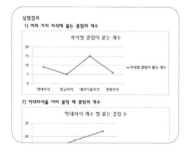

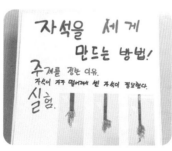

1 포스터 발표: 집 한쪽에 포스터를 게시하고 포스터 앞에서 가족들에게 발표해 보세요. 가족들은 게시한 포스터를 보면서 질문과 평가를 할 수 있어요.

2 전시회 발표: 집 한쪽에 게시공간을 마련하여 일정 기간 동안 발표 자료를 게시하세요. 가족들은 포스트잇을 활용해 탐구 결과에 대한 제안이나 질문, 칭찬을 할 수 있어요.

3 파워포인트 발표: 파워포인트로 자료를 만들어 발표해 보세요. 발표가 끝난 뒤 질문과 답변을 하며 가족들과 탐구 결과에 대해 의사소통 기회를 가지세요.

활동2 탐구 결과를 발표하며 느낀 점을 적어 보세요.

● 탐구 결과 발표 자료를 만들고 발표하면서 느꼈던 점을 적고 가족 및 친구들과 이야기를 나누어 보세요.

 아꿈선이 알려주는 재미있는 과학놀이

가족과 함께 포스트잇으로 의사소통 발표 놀이를 해 보세요.

1. 4절지에 포스터 형식으로 탐구 발표 자료를 제작한 다음 가족들 앞에서 수행한 탐구에 대해 포스터 발표를 하세요.

2. 가족들은 발표 내용을 듣고 궁금하거나 제안하고 싶은 점 등을 포스트잇에 적어 포스터에 붙이세요.

3. 발표자는 포스터 내용에 직접 답변을 적거나 말해 줌으로써 가족들과 탐구한 결과에 대해 의사소통의 시간을 가지세요.

우리 주변에 사는 동물친구들

동물은 식물과 달리 스스로 양분을 만들 수 없으며, 식물이나 다른 동물을 먹음으로써 양분을 얻는 종속 영양 생물이에요. 반려동물은 사람과 함께 살아가며 심리적으로 안정감과 친밀감을 주는 가족과 같은 존재예요.

★ 준비물

동물도감 ······
돋보기
스마트폰

실험 시간	난이도	실험 위험도	관련 단원
30분	★★☆☆☆	★★★☆☆	3학년 2학기 2단원 우리 주변의 동물

활동 1 우리 주변에 사는 동물을 관찰해 보세요.

1 우리 주변에서 동물을 관찰할 수 있는 곳을 생각해 보세요.

2 집 주변에 살고 있는 동물을 관찰해 보세요.

3 학교 화단에서 살고 있는 동물을 관찰해 보세요.

TIP

학교 또는 집 근처 공원을 활용해 다양한 동물을 관찰하고, 스마트폰을 이용해 사진을 찍어요.

4 나무에서 살고 있는 동물을 관찰해 보세요.

활동2 🔬 관찰한 동물의 특징을 정리해 보세요.

1 관찰한 동물이 사는 곳과 동물의 생김새 등 특징을 살펴보세요.

2 관찰한 동물 중 더 알아보고 싶은 동물은 동물도감에서 내용을 찾아 써 보세요.

3 검색 사이트를 활용해 관찰한 동물을 그림으로 표현해 보세요.

 아꿈선이 알려주는 재미있는 과학놀이

가족과 함께 '몸으로 말해요, 동물퀴즈' 놀이를 해 보세요.

1. 가족들과 가위바위보를 통해 놀이 순서를 정하세요.

2. 처음 시작하는 사람이 동물의 특징을 몸으로 표현하세요.

3. 나머지 가족들은 손을 들고 발언권을 얻어 표현한 동물이 무엇인지 맞히세요.

4. 한 명씩 돌아가면서 동물을 흉내 내고 가장 많이 맞히는 사람이 우승자가 돼요.

땅과 사막에 사는 동물 친구들

동물은 땅에 사는 식물로부터 먹이를 얻어요. 또 땅에서 집을 지을 장소와 휴식처를 제공받아요. 땅에 사는 동물은 걷거나 기어서 이동하는데, 걸어 다니는 동물은 다리가 있고, 기어다니는 동물은 다리가 없어요.

★ 준비물

동물도감

돋보기

핀셋   페트리 접시   기록장

실험 시간	난이도	실험 위험도	관련 단원
20분	★★★☆☆	★★★☆☆	3학년 2학기 2단원 우리 주변의 동물

활동1 땅에서 사는 동물을 알아보세요.

1 집 주변이나 학교 주변 땅에서 사는 작은 곤충들을 페트리 접시 위에 올려놓고 돋보기나 확대경으로 자세하게 관찰해 보세요.

2 동물도감을 이용해 땅에서 사는 동물에는 어떤 것들이 있는지 찾아보세요.

3 영화나 만화에 나오는 땅에서 사는 동물을 찾아보세요.

개미한테도 독이 있어요. 개미는 산을 조금씩 분비해요. 특히 불개미의 산은 매우 강해 사람의 피부에 들어가면 물집이 생길 정도의 위력을 가지고 있어요.

4 집 주변에서 볼 수 있는 위험한 동물에 대해 조사해 보세요.

  활동2 사막에서 사는 동물을 알아보세요.

1 동물도감을 이용해 사막에서 사는 동물에는 어떤 것들이 있는지 찾아 보세요.

2 사막에서 사는 동물이 가진 독특한 생김새에 대해 조사해 보세요. 미어캣의 앞발에는 갈고리 모양의 길고 단단한 손톱이 있어 사막에서 굴을 쉽게 팔 수 있어요.

3 사막에 사는 동물의 특징을 살려 캐릭터를 그려 보세요.(예: 보초를 설 때 절대 한눈팔지 않고 무리의 안전을 책임지는 경비 아가씨예요. 보초서는 미어캣이라 이름이 보미예요.)

 아꿈선이 알려주는 재미있는 과학놀이

가족과 함께 '동물 이름, 스무고개' 놀이를 해 보세요.

1. 가족과 함께 가위바위보를 통해 순서를 정하세요.

2. 술래가 땅에서 사는 동물 하나를 머릿속으로 정하세요.

3. 나머지 사람들이 술래가 생각한 땅에서 사는 동물을 질문을 통해 맞히는 게임이에요.

4. 한 사람씩 돌아가면 "다리가 네 개입니까?" 등 질문을 던지면, 술래는 "예." 또는 "아니오."로 답하세요.

5. 스무 번이 되기 전에 나머지 사람들이 정답을 맞히면 술래는 다시 술래가 되고, 스무고개를 넘도록 맞히지 못하면 술래가 이겨요.

31

동물친구 무리 짓기

분류는 일정한 기준에 따라서 나누는 것을 말해요. 동물은 서식지, 등뼈의 유무, 날개의 유무 등 다양한 기준으로 분류할 수 있어요.

★ 준비물

펜

포스트잇

실험 시간	난이도	실험 위험도	관련 단원
20분	★★★☆☆	★☆☆☆☆	3학년 2학기 2단원 우리 주변의 동물

활동1 동물을 조사해 보세요.

1 주변에서 쉽게 볼 수 있는 동물을 10개 이상 조사해 보세요. 여러분이 잘 아는 동물들을 위주로 조사하는 게 좋아요. 그래야 분류할 때 더욱 쉽게 할 수 있어요.

2 동물들을 자세히 관찰하며 특징을 찾아보세요.(예: 토끼는 귀가 크고, 뒷발이 길며 바로 뛸 수 있게 접혀 있어요.)

3 조사한 동물을 특징을 살려 그림을 그려 보세요. (예: 토끼는 큰 귀와 접혀 있는 긴 뒷발을 살려 그려요.)

활동2 🔬 동물의 분류 기준을 알아보세요.

TIP
동물들의 특징을 살려 그려 주면 더 좋아
요.

1 조사한 동물을 포스트잇에 간단히
그려 보세요.

2 알을 낳는 것과 새끼를 낳는 것으로
분류해 보세요.

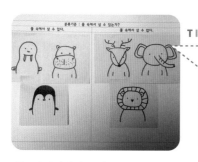

TIP
자신만의 기준을 세워 분류할 수 있어요
분류 기준을 세울 때는 예쁘다, 귀엽다, 크
다와 같이 사람마다 다르게 느낄 수 있는
것은 안 돼요 명확하게 분류할 수 있어야
해요

3 물속에서 살 수 있는 것과 살 수 없는
것으로 분류해 보세요.

 아꿈선이 알려주는 재미있는 과학이야기

지구상에는 수많은 생물이 살아가고 있어요 이러한 생물 간의 관계와 계통을 이해하기 위해 생물 분류
를 해요. 생물이 살아가는 방식, 알을 낳는지 새끼를 낳는지, 뼈가 어떻게 있는지 등을 파악하고 비슷한
것을 묶어요. 이렇게 분류하는 방법을 '과학적 분류'라고 해요. 과학적 분류에서는 동물계, 식물계, 균계,
원생생물계, 원핵생물계로 크게 5가지 무리로 생물을 나누어요. 동물계에는 광합성을 하지 않고 다른
동물로부터 먹이를 구하는 사람 등이 속하고, 식물계에는 광합성을 통해 스스로 양분을 만드는 나무
등이 속해요. 균계에는 광합성을 하지 않고 생태계에서 분해자 역할을 맡고 있는 곰팡이나 버섯 등이
속하고, 원생생물계에는 아메바와 같은 단세포 및 미역과 같은 다세포성 조류 무리가 속해요. 원핵생물
계에는 핵이 핵막에 둘러싸여 있지 않은 박테리아 등이 속해요.

32

동물친구와 함께 발명가 되어 보기

생체 모방은 자연을 닮고 싶어 하는 인간의 노력이 소재나 기계장치 등으로 구현된 기술을 말해요. 연잎에서 아이디어를 얻은 방수 소재, 물총새의 부리를 본떠 만든 초고속 열차 등이 생체를 모방한 사례예요.

★ 준비물

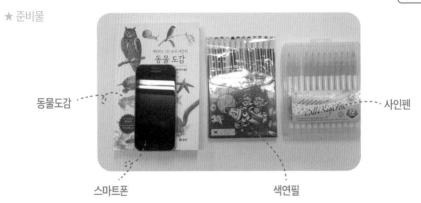

동물도감 ······ 동물 도감
사인펜
스마트폰
색연필

실험 시간	난이도	실험 위험도	관련 단원
30분	★★★★☆	★☆☆☆☆	3학년 2학기 2단원 우리 주변의 동물

활동1 🧪 생물의 특징이 활용된 생활용품을 조사해 보세요.

TIP
선수들이 입는 반신 수영복은 빠른 속도로 헤엄을 칠 수 있는 상어의 비늘을 참고해 만들었어요.

1 동물의 특징이 활용된 생활용품을 조사해 보세요.

TIP
상어의 비닐에는 작은 돌기가 있는데, 이 작은 돌기들이 물의 마찰력을 줄여 더욱 빠르게 헤엄칠 수 있게 해 줘요.

2 생활용품이 어떤 동물의 특징을 활용하여 만들어졌는지 적어 보세요.

3 식물의 특징이 활용된 생활용품을 조사해 보세요.

TIP 운동화, 패딩 등에 쓰이는 벨크로는 사람의 옷에 붙어 잘 떨어지니 않는 도꼬마리 씨앗을 참고해 만들었어요.

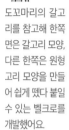

4 생활용품이 어떤 식물의 특징을 활용하여 만들어졌는지 적어 보세요.

TIP 도꼬마리의 갈고리를 참고해 한쪽 면은 갈고리 모양, 다른 한쪽은 원형 고리 모양을 만들어 쉽게 뗐다 붙일 수 있는 벨크로를 개발했어요.

활동2 동물의 특징을 활용한 생활용품을 설계해 보세요.

1 우리 주변의 동물의 특징을 자세히 관찰하며, 어떤 생활용품에 활용될 수 있을지 생각해 보세요.

2 생각한 내용을 바탕으로 동물의 특징을 활용해 내가 만들고 싶은 생활용품을 구상해 보세요.

 아꿈선이 알려주는 재미있는 과학이야기

다양한 동물의 생김새와 특징을 이용한 생체 모방 로봇 연구가 활발히 진행 중이에요. 인간의 생활을 편리하게 도와주는 생체 모방 로봇에는 개미 로봇과 델플라이 마이크로(Delfly Micro) 로봇이 있어요. 독일의 기업 페스토에서 만든 개미 로봇은 배에 있는 무선 통신기로 실제 개미처럼 다른 개미 로봇들과 서로 소통하며 어떻게 움직이고 물건을 옮길지 정할 수도 있어요. 2008년 네덜란드 델프트 공학대학교에서 개발한 델플라이 마이크로 로봇은 무게 3g에 10cm의 길이를 가진 비행 로봇으로 잠자리와 같이 날개를 펄럭거려 비행을 해요. 이 로봇은 저속 상태에서도 공중에 머물 수 있어요.

33 흙은 어떻게 만들어질까?

혼자서도 할 수 있어요 ☑
친구와 함께해요 ☐
부모님과 함께해요 ☐

흙은 바위나 돌이 작게 부서진 알갱이와 썩은 뿌리나 나뭇잎 등이 섞여 이루어진 물질이에요. 흙은 물이나 나무뿌리, 충격 등에 의해 작게 부서진 바위 알갱이에 나무뿌리, 나뭇잎 등이 섞이며 만들어져요.

★ 준비물

흰 종이

뚜껑이 있는
투명한 플라스틱통

흙

얼음설탕

실험 시간	난이도	실험 위험도	관련 단원
20분	★★☆☆☆	★☆☆☆☆	3학년 2학기 3단원 흙의 변화

활동 1 흙이 만들어지는 과정을 알아보세요.

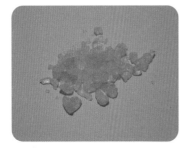

1 흰 종이 위에 얼음설탕을 올려 두세요.

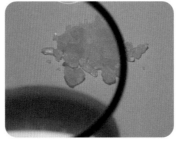

2 흔들기 전의 얼음설탕을 관찰해 보세요. 얼음설탕의 크기, 모서리 모양, 가루 등을 집중적으로 관찰해 보세요.

3 얼음설탕을 플라스틱통에 1/3 정도 넣고 뚜껑을 닫으세요. 플라스틱통 안에서 5분 이상 플라스틱통을 흔들어 주세요. 위아래로 힘을 주어 세게 흔들어 주세요.

TIP

설탕 조각의 크기가 어떻게 변했는지, 설탕 가루가
보이는지, 설탕 조각의 모서리가 어떻게 변했는지를
관찰해 보세요.

4 흰 종이 위에 얼음설탕을 부어 관찰
해 보세요.

활동2 흙이 만들어지는 과정을 생각해 보세요.

TIP

자갈과 얼음설탕 조각, 흙과 얼음설탕 가
루를 비교해 보면서 흙이 어떻게 만들어지
는지 생각해 보세요.

1 흙과 자갈을 관찰해 보세요.

2 얼음설탕 가루와 흙과 자갈을 비교
해 보며 흙이 만들어지는 과정을 생
각해 보세요.

아꿈선이 알려주는 재미있는 과학이야기

흙이 만들어지는 과정을 자세히 알아보아요. 흙은 항상 그 자리에 있는 것 같지만 서서히 끊임없이 변하여 만들어진 것이에요. 흙이 되기 위해서는 바위가 먼저 잘게 부서져야 해요. 흙이 되기 전 최초의 바위를 어머니 바위라는 뜻으로 '모암'이라고 하는데, 이 모암은 다양한 과정을 통해 잘게 쪼개져 가루가 돼요. 잘게 쪼개지는 과정은 다양해요. 암석의 틈 속에서 자라는 식물의 뿌리가 굵어져 암석의 틈이 벌어지거나, 기온이 변할 때마다 암석이 수축과 팽창을 반복하면서 양파 껍질처럼 벗겨지거나, 바람에 의해 조금씩 깎여 나가게 돼요. 1cm의 흙이 만들어지는 데는 약 200년의 시간이 필요하다고 해요. 여기에 생물의 잔해나 식물의 낙엽이나 나뭇가지 등이 떨어져 나와 썩어 생긴 유기물이 포함되어 영양분이 풍부한 성숙한 토양이 되려면 수만 년 이상의 시간이 걸려요.

식물은 어떤 흙을 좋아할까?

부식물은 식물의 뿌리나 죽은 곤충, 나뭇잎 조각 등이 썩은 것을 말해요. 흙에 들어 있으며 식물이 잘 자라는 데 도움을 줘요. 흙은 점토와 모래 등의 비율에 따라 모래참흙, 참흙, 질참흙 등으로 구분해요.

★ 준비물

비커(500mL 혹은 유리컵) 2개

숟가락 2개

물

흰 종이

화단 흙　운동장 흙　거름종이　핀셋　돋보기

실험 시간	난이도	실험 위험도	관련 단원
30분	★★☆☆☆	★☆☆☆☆	3학년 2학기 3단원 흙의 변화

활동1 운동장 흙과 화단 흙을 관찰해 보세요.

TIP

운동장 흙의 색깔은 밝은 황토색이지만 화단 흙은 어두운 갈색이에요. 운동장 흙은 만졌을 때 꺼끌꺼끌하지만 화단 흙은 부드럽고 촉촉해요. 운동장 흙은 잘 뭉쳐지지 않지만 화단 흙은 잘 뭉쳐져요. 화단 흙에는 나뭇잎 조각, 식물의 줄기 같은 것이 보여요.

1 흰 종이 위에 운동장 흙과 화단 흙을 올려놓으세요.

2 흙의 색깔과 알갱이의 크기, 흙을 만졌을 때의 느낌, 보이는 것을 비교해 보세요.

활동 2 측정한 길이를 비교해 보세요.

1 비커 2개에 운동장 흙과 화단 흙을 각각 100mL 정도 넣으세요.

2 운동장 흙이 든 비커와 화단 흙이 든 비커에 각각 반 컵 정도의 물을 부으세요.

3 숟가락으로 두 비커를 각각 저은 뒤, 잠시 기다리세요.

4 운동장 흙과 화단 흙의 물에 뜬 물질의 양을 비교해 보세요.

5 물에 뜬 물질을 핀셋으로 건져서 거름종이 위에 올려놓으세요.

6 거름종이에 올려놓은 물질을 돋보기로 관찰해 보세요.
- 운동장 흙: 거의 없다.
- 화단 흙: 식물의 뿌리, 줄기, 꽃잎, 죽은 곤충, 나뭇잎 조각 등이 있다.

 아꿈선이 알려주는 재미있는 과학놀이

가족과 함께 관찰 게임을 해 보세요.

1. 채취하는 장소를 달리하여 3종류 이상의 흙을 준비하세요.

2. 3종류의 흙을 관찰하세요.

3. 술래의 눈을 안대로 가리고 여러 종류 중 하나의 흙을 선택해서 술래의 손 위에 올려놓으세요.

4. 술래는 흙을 손으로 만져 보고 흙의 종류를 맞히세요.

5. 술래가 맞히면 다음 사람이 술래를 하고 술래가 못 맞히면 다시 한 번 도전하세요.

운동장 흙과 화단 흙

운동장 흙은 비교적 알갱이가 크고, 비교적 물이 잘 빠지며, 물에 뜨는 부식물이 거의 없어요. 화단 흙은 비교적 알갱이가 작고, 비교적 물이 잘 빠지지 않아요.

★ 준비물

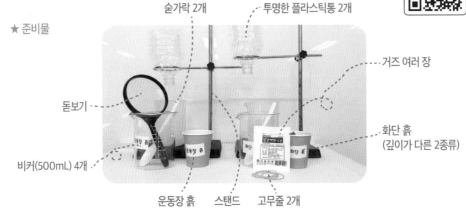

숟가락 2개
투명한 플라스틱통 2개
거즈 여러 장
돋보기
화단 흙 (깊이가 다른 2종류)
비커(500mL) 4개
운동장 흙   스탠드   고무줄 2개

실험 시간	난이도	실험 위험도	관련 단원
40분	★★★★☆	★★★☆☆	3학년 2학기 3단원 흙의 변화

활동1 운동장 흙과 화단 흙의 물 빠짐을 비교해 보세요.

1 플라스틱통의 밑부분을 거즈로 감싸 고무줄로 묶으세요.

2 플라스틱통에 운동장 흙과 화단 흙을 각각 절반 정도 채운 다음 스탠드에 고정하세요.

3 비커를 플라스틱통 아래에 각각 놓으세요.

4 두 흙에 각각 300mL의 물을 비슷한 빠르기로 동시에 부으세요. 플라스틱통에 따라 높이를 조절하세요.

5 일정 시간 동안 어느 흙에서 물이 더 많이 빠졌는지 관찰해 보세요. 운동장 흙의 물이 더 빠르게 빠져 나와요.

활동2 깊은 화단 흙과 얕은 화단 흙의 물빠짐을 비교해 보세요.

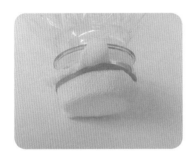

1 플라스틱통의 밑부분을 거즈로 감싸 고무줄로 묶으세요.

2 화단 흙을 채취하는 장소와 깊이를 달리해서 2종류의 화단 흙을 준비해 플라스틱통에 각각 절반 정도 채운 다음 스탠드에 고정하세요.

3 비커를 플라스틱통 아래에 각각 놓으세요.

4 두 흙에 각각 300mL의 물을 비슷한 빠르기로 동시에 부으세요.

5 일정 시간 동안 어느 흙에서 물이 더 많이 빠졌는지 관찰해 보세요.

36 땅이 변했어요

혼자서도 할 수 있어요 ☐
친구와 함께해요 ☑
부모님과 함께해요 ☐

침식 작용은 바람, 흐르는 물 등에 의해 지표의 바위나 돌, 흙 등이 깎여 나가는 것을 말해요. 운반 작용은 흐르는 물, 바람 등에 의해 돌 흙 등의 퇴적물이 이동하는 것을 말해요. 퇴적 작용은 돌, 흙 등의 퇴적물이 한곳에 쌓이는 것을 말해요.

★ 준비물

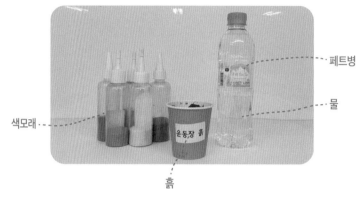

색모래 ---
운동장 흙
흙
······ 페트병
······ 물

실험 시간	난이도	실험 위험도	관련 단원
20분	★★★☆☆	★☆☆☆☆	3학년 2학기 3단원 흙의 변화

활동 1 흙 언덕을 만들어 비교해 보세요.

1 꽃삽을 사용해 무릎 절반 높이의 흙 언덕을 만들어 보세요.

2 색모래를 흙 언덕 위쪽에 뿌리세요.

흙 언덕에 물을 흘려보내고 관찰해 보세요.

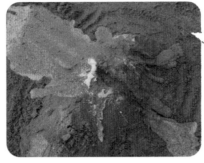

TIP

색모래가 어떻게 이동했는지 관찰해 보세요. 색모래가 위쪽에서 아래쪽으로 이동했어요.

1 페트병에 물을 담아 흙 언덕 위쪽에서 물을 흘려보내며 변화를 관찰해 보세요. 모래의 이동에 따라 흙 언덕이 깎이는 모습에 집중해서 관찰해 보세요.

2 흙 언덕에서 흙이 깎인 곳과 흙이 쌓인 곳을 관찰해 보세요.
- 흙이 깎인 곳: 흙 언덕 위쪽
- 흙이 쌓인 곳: 흙 언덕의 아래쪽

아꿈선이 알려주는 재미있는 과학이야기

강은 침식, 운반, 퇴적을 한 번에 볼 수 있는 장소예요. 물은 위에서 아래로 흘러 바다로 향하게 되는데 강이 시작되는 부분에 가까운 곳을 상류, 바다에 가까워지는 곳을 하류라고 해요. 상류는 강폭이 좁고, 경사가 급해 물이 빠르게 흐르게 돼서 물이 지표를 깎는 침식 작용이 많이 일어나요. 폭포, 계곡 등이 상류에 많이 있어요. 강의 중류에서는 퇴적물이 물을 따라 흐르게 돼요. 중류는 강의 폭이 넓고 많은 물이 흘러가요. 그러다가 물의 속력이 느려지는 하류로 가면 퇴적물들이 쌓이게 돼요. 하류는 경사가 거의 없고, 퇴적물이 많이 쌓이기 때문에 넓은 평지가 만들어져요. 마을, 논, 밭 등은 강의 하류에 많이 있어요.

흙을 지켜 주자

흙은 파도, 바람, 비 등에 의해 깎일 수 있어요. 흙이 심하게 깎여 나갈 경우 건물이 무너지거나 산사태가 일어날 수 있어요. 그래서 흙이 깎여 나가지 않게 하기 위해 땅에 나무와 잔디·꽃 등을 심거나, 흙을 덮어 주고 고정해 주는 구조물을 설치해요.

★ 준비물

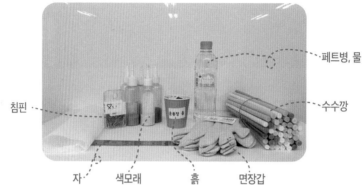

침핀 · · · · · · · · · ·

페트병, 물

수수깡

자 · 색모래 흙 면장갑

실험 시간	난이도	실험 위험도	관련 단원
40분	★★★☆☆	★☆☆☆☆	3학년 2학기 3단원 흙의 변화

활동 1 흙을 보존하기 위한 시설물을 만들어 보세요.

1 수수깡을 잘라 10cm 4개, 3cm 4개를 만드세요.

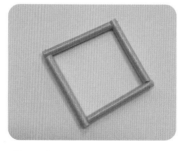

2 침핀을 이용해 10cm 수수깡 4개를 연결해 사각형 모양을 만드세요.

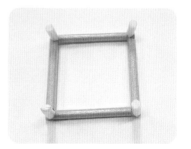

3 사각형으로 만든 수수깡 모서리에 침핀을 거꾸로 꽂고 그 위에 양파망을 끼우세요.

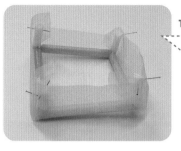

TIP

핀을 꽂을 때는 수수깡과 비스듬하게 꽂아야 고정도 잘 되고 침핀이 반대쪽에서 튀어나오지 않아 다치지 않아요.

4 양파망 위에 3cm 수수깡을 각각 꽂아 다리를 만드세요.

활동2 흙이 깎이는 정도를 관찰해 보세요.

1 무릎 절반 높이의 흙 언덕을 만들고 색모래를 뿌린 다음 그 위에 시설물을 설치해 보세요.

2 시설물에 물을 뿌려 보고, 흙이 깎이는 정도를 관찰해 보세요.

 아꿈선이 알려주는 재미있는 과학놀이

가족과 함께 '흙 언덕 깃발 지키기' 놀이를 해 보세요.

1. 흙 언덕을 만든 뒤, 흙 언덕의 중앙에 깃발을 세우세요.

2. 순서를 정하고, 자기 순서가 되면 손으로 흙 언덕을 깎아서 가지고 오세요.

3. 자기 순서에서 깃발이 쓰러지면 져요.

38 나무, 물, 공기의 차이를 알아봐

물질은 나무젓가락·연필과 같이 정해진 모양과 크기로 존재하거나, 물·기름 등 담는 용기에 따라 모양이 달라지지만 부피는 변하지 않는 상태로 존재하거나, 공기·탄산가스처럼 일정한 모양이나 부피가 정해지지 않은 상태로 존재해요.

★ 준비물

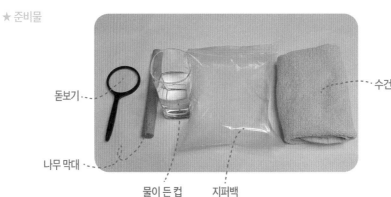

돋보기

나무 막대

물이 든 컵   지퍼백   수건

실험 시간	난이도	실험 위험도	관련 단원
10분	★☆☆☆☆	★☆☆☆☆	3학년 2학기 4단원 물질의 상태

활동1 🧪 나무 막대, 물, 공기를 관찰해 보세요.

1 돋보기로 색과 형태를 관찰해 보세요.

2 손으로 물질을 집어 이동시키거나 쥐어 보세요.

3 각각의 물질을 흔들어 보세요. 각 물질의 특성을 자세하게 살펴보고 기록해 보세요.
물이 흐르지 않도록 바닥에 수건을 깔고 관찰하세요.

활동2 비슷한 성질을 가진 물건을 찾아보세요.

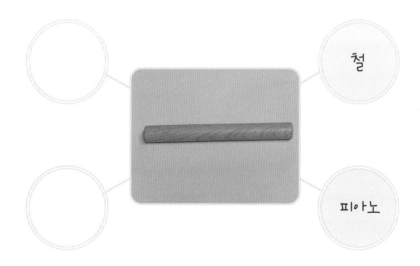

철

피아노

주스

우유

탄산가스

헬륨가스

타닥타닥 타오르는 불을 본 적이 있나요? 우리에게 따뜻함과 빛을 주는 불은 어떤 상태일까요? 불꽃은 나무 막대처럼 크기나 모양이 고정되어 있지 않아요. 또 물처럼 흘러내리거나 담는 병에 따라 모양이 달라지지도 않아요. 불꽃은 불다오르지만 계속 존재하지 못하고 결국 꺼져 버리기 때문에 공기와도 달라요. 그럼 불은 무엇일까요? 사실 불은 어떤 물질이나 물질의 상태가 아니에요. 불이란 것은 공기 중에 있는 물질에 일정 온도 이상의 열을 가하면 발생하는 '연소'라는 화학 반응이 여러 기체와 물, 열, 빛 등을 만들어 내는 것을 뜻해요.

39 막대를 컵에 담아 볼까요?

고체는 가하는 힘이나 압력이 변하더라도 그 모양이나 부피가 달라지지 않는 상태를 말해요.

★ 준비물

쌀 ········ 여러 크기의 유리컵

돋보기 ····· 플라스틱 막대

나무 막대

실험 시간	난이도	실험 위험도	관련 단원
10분	★☆☆☆☆	★☆☆☆☆	3학년 2학기 4단원 물질의 상태

활동1 막대를 여러 가지 모양의 컵에 담아 보세요.

TIP

유리컵을 사용하는 경우 깨지지 않도록 조심하세요. 나무 막대나 플라스틱 막대가 없더라도 나무와 플라스틱 재질을 활용하면 같은 실험 결과를 얻을 수 있어요.

1 나무 막대를 여러 가지 모양의 컵에 담아 보며 모양과 크기 변화를 살펴보세요.

2 플라스틱 막대의 모양과 크기 변화도 살펴보세요.

활동2 작은 물체도 고체일까요?

1 쌀을 여러 가지 모양의 유리컵에 담아 보세요.

2 쌀 알갱이 하나를 꺼내 관찰해 보세요.

TIP
쌀은 유리컵 모양대로 변한 것처럼 보이지만 쌀 알갱이를 관찰해 보면 변하지 않았어요. 따라서 쌀 알갱이는 고체라는 것을 알 수 있어요.

TIP
쌀 이외에도 스펀지, 고무찰흙 등을 대상으로 관찰하면 고체의 특성을 이해하는 데 도움이 돼요.

● 다음 기준을 유지한다면 고체라고 할 수 있을까요?

물질	관찰 방법	관찰 결과
	가만히 두었을 때 일정한 모양을 유지하나요?	
	여러 가지 모양의 그릇에 담았을 때 모양이 변하나요?	
	손으로 잡을 수 있나요?	

 아꿈선이 알려주는 재미있는 과학이야기

눈도 고체라는 사실을 알고 있나요? 눈을 현미경으로 확대해서 보면 예쁜 결정이 보여요. 이렇게 결정이 만들어지는 것은 고체만의 특징이에요. 우리 주변에서는 소금물을 오랜 시간 두거나 끓여서 증발시키면 만들어지는 소금 가루들을 통해 결정의 존재를 확인할 수 있어요.

40 찰랑찰랑 물과 주스 관찰하기

혼자서도 할 수 있어요 ☑
친구와 함께해요 ☐
부모님과 함께해요 ☐

액체는 담는 컵에 따라 모양이 달라지지만 부피는 일정한 물질의 상태를 말해요. 액체는 담는 용기에 따라 자유롭게 모양을 바꿀 수 있어요. 단 부피는 담는 용기의 모양이나 가하는 압력과 상관없이 거의 변하지 않아요.

★ 준비물

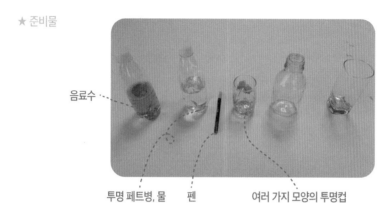

음료수 ⋯

투명 페트병, 물   펜   여러 가지 모양의 투명컵

실험 시간	난이도	실험 위험도	관련 단원
10분	★☆☆☆☆	★★☆☆☆	3학년 2학기 4단원 물질의 상태

활동1 🧪 물과 주스를 여러 가지 모양의 컵에 담아 보세요.

1 물을 여러 가지 모양의 컵에 담아 보며 모양과 부피 변화를 살펴보세요.

2 주스를 여러 가지 모양의 컵에 담아 보며 모양과 부피 변화를 살펴보세요.

TIP

유리컵을 사용하는 경우 깨지지 않도록 조심하세요. 액체의 높이 변화를 살피기 위해 첫 번째 용기에 펜으로 높이를 표시해 주세요.

활동 2 물에 압력을 가할 때의 변화를 살펴보세요.

1 물을 투명 페트병에 담아 처음의 높이를 표시하세요.

2 페트병을 세게 5초 이상 누른 뒤 힘을 풀어 물의 높이를 확인해 보세요.

 아꿈선이 알려주는 재미있는 과학놀이

1. 물에 뜨는 플라스틱 장난감 아래에 10원짜리 동전 또는 고무자석을 붙이세요.

2. 물이 담긴 플라스틱 페트병에 장난감을 넣고 뚜껑을 잘 막으세요.

3. 페트병에 누르는 힘을 가하면 장난감이 오르락내리락 해요.

41 보이지 않아도 느껴져요

혼자서도 할 수 있어요 ☐
친구와 함께해요 ☐
부모님과 함께해요 ☑

공기는 지구를 둘러싼 대기 중 지표면에 가까운 부분의 기체를 말해요. 질소, 산소 등 여러 가지 기체가 혼합되어 있어요.

★ 준비물

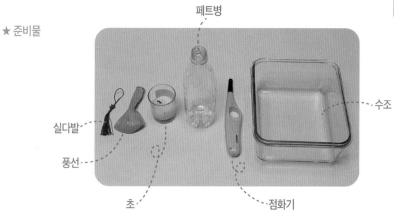

페트병

수조

실다발

풍선

초

점화기

실험 시간	난이도	실험 위험도	관련 단원
30분	★★☆☆☆	★★★★☆	3학년 2학기 4단원 물질의 상태

활동1 풍선에서 손을 뗐을 때 나타나는 변화를 관찰해 보세요.

TIP

촛불을 끄는 실험을 할 때는 꼭 부모님과 함께 하고, 불을 끌 수 있는 도구들을 주변에 준비해 두세요.

1 공기를 주입한 풍선 입구를 실다발을 든 손 앞에서 열었을 때 손의 느낌과 실다발의 움직임을 관찰해 보세요.

2 풍선을 이용해 촛불을 꺼 보세요.

활동2 물을 이용해 페트병 속 공기를 확인해 보세요.

1 물이 담긴 수조에 페트병을 거꾸로 집어넣어 보세요.

2 페트병을 눌렀을 때 발생하는 변화를 관찰해 보세요.

TIP 물속에 생긴 공기방울은 페트병에서 공기가 나온 거예요. 페트병을 손에 가까이 대고 눌러 보아도 공기가 나오는 것을 느낄 수 있어요.

활동3 주변에서 공기가 움직이는 모습을 찾아보세요.

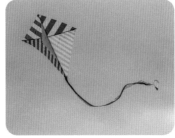

1 공기가 물을 움직이고 있어요.

2 공기가 연을 움직이고 있어요.

3 공기가 민들레 씨를 움직이고 있어요.

 아꿈선이 알려주는 재미있는 과학놀이

부모님과 함께 종이뱃놀이를 해 보세요.

1. 부모님과 함께 종이배를 예쁘게 접으세요.

2. 만든 종이배를 수조에 띄우세요.

3. 부채, 페트병 등으로 공기를 움직여 종이배를 원하는 방향으로 가게 하며 놀 수 있어요.

스스로 부풀어오르는 풍선

기체는 용기에 따라 모양과 부피가 변하고 그 용기를 가득 채우는 물질의 상태를 말해요. 이 산화탄소는 공기를 이루는 기체 중의 하나로 동물의 호흡이나 연소 과정 중에 발생해요. 물에 녹으면 탄산을 생성하므로 우리가 마시는 탄산음료의 주원료로 사용돼요.

★ 준비물

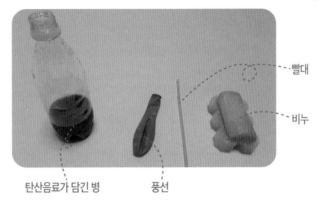

- 빨대
- 비누
- 탄산음료가 담긴 병
- 풍선

실험 시간	난이도	실험 위험도	관련 단원
30분	★★★☆☆	★★☆☆☆	3학년 2학기 4단원 물질의 상태

활동1 🧪 풍선으로 기체가 차지하는 공간을 확인해 보세요.

TIP

탄산음료를 심하게 흔들 경우 반응이 매우 빠르게 일어나 넘칠 수 있으므로 물과 발포 비타민 또는 식초와 베이킹소다를 이용하면 더 쉽게 실험을 할 수 있어요.

1 500mL 탄산음료를 적당량 따라 낸 뒤 병 입구에 풍선을 씌워 주세요.

TIP

풍선을 커지게 만든 기체는
이산화탄소예요.

2 병을 가볍게 흔들어 준 뒤 일어나는 변화를 관찰해 보세요.

활동 2 비눗방울을 이용해 기체가 차지하는 공간을 확인해 보세요.

1 비눗물을 만들어 주세요.

TIP

안전을 위해 세탁세제 등은 사용하
지 않도록 해요.

2 빨대 끝을 비눗물에 넣은 상태로 입
김을 불어넣어 비눗방울을 만들어
주세요.

3 불어넣은 입김의 양에 따른 비눗방
울의 개수와 크기를 관찰해 보세요.

TIP

공기의 양에 따른 비눗방울의 개수
와 크기에 주목하면 공기가 차지하
는 공간을 쉽게 확인할 수 있어요

 아꿈선이 알려주는 재미있는 과학이야기

기체는 늘 공간을 차지하고 있으며, 이동을 해요. 공기가 이동하는 것을 바람이라고 해요. 여러분도 바
람을 만들 수 있어요. 숨을 크게 내쉬면 입 속에서 공기가 나오면서 바람이 부는 것을 느낄 수 있어요.
이렇게 바람을 만들어 내는 힘은 무엇일까요? 숨을 내쉬면 몸속 폐의 공간이 줄어들고, 그 공간에 공기
가 오밀조밀 모이게 돼요. 모인 공기는 공기가 느슨하게 모인 몸 밖으로 이동하게 돼요. 촘촘하게 모여
있던 공기가 느슨하게 모인 곳으로 이동하면서 바람이 불게 되는 거예요.

43 공기의 힘으로 솟아오르는 분수 만들기

공기도 무게가 있어서 같은 공간 안에 공기의 양이 많아지면 압력이 높아지게 돼요. 공기의 무게로 생기는 압력을 기압이라고 해요.

★ 준비물

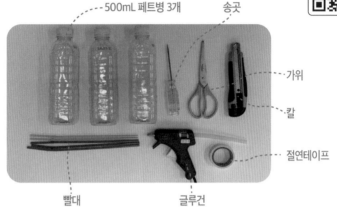

- 500mL 페트병 3개
- 송곳
- 가위
- 칼
- 절연테이프
- 빨대
- 글루건

실험 시간	난이도	실험 위험도	관련 단원
40분	★★★★★	★★★★☆	3학년 2학기 4단원 물질의 상태

활동1 🧪 헤론의 분수를 만들어 보세요.

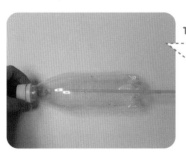

TIP

송곳과 글루건은 반드시 부모님과 함께 사용하세요.

1 3개의 페트병 중 하나의 페트병(A)을 입구와 가깝게 자르세요. 손을 다치지 않도록 자른 부위에 절연테이프로 마감하세요.

2 남은 페트병 2개(B와 C)의 같은 위치에 송곳으로 2개의 구멍을 뚫고 빨대 1과 2를 끼워 넣은 뒤 글루건으로 접착하세요.

 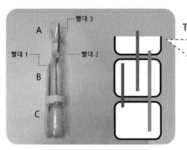

TIP

뚜껑을 뚫기 어려운 경우 옆면을 뚫어도 괜찮아요. 사진을 보고 빨대의 길이를 잘 확인하세요.

3 4개의 빨대 중 2개는 절연테이프로 연결하여 길게 만들어 주고 2개는 그냥 사용하세요.

4 A의 뚜껑과 B의 바닥에 2개의 구멍을 뚫고 빨대 2와 3을 연결한 뒤 글루건을 이용해 접착하면 완성이에요.

5 A에 물을 부으면 빨대 1을 통해 C에 물이 가득 차게 돼요.

6 페트병을 뒤집어 주면 C에 있던 물이 B로 가고 C에는 소량의 물만 남게 돼요.

7 A에 물을 빨대 3보다 높게 부어 주면 분수가 시작돼요. 분수가 끝나면 다시 페트병을 뒤집어서 C에 있는 물을 B로 보내 처음의 상태로 만들 수 있어요.

 아꿈선이 알려주는 재미있는 과학이야기

고대 그리스의 과학자인 헤론(기원후 10년경 탄생)은 기체에 대한 관심이 매우 높았어요. 헤론이 쓴 『기체학』에는 기체가 공간을 차지한다는 내용이나 공기의 이동이 바람이라는 내용이 있어요. 헤론은 증기(수증기)의 압력을 이용하여 돌아가는 자동장치인 헤론의 공, 물의 힘을 이용한 오르간, 돈을 넣으면 물이 나오는 성수기, 자동 연극장치 등을 발명하기도 했어요.

퐁퐁퐁퐁 공기대포 만들기

공기는 무게와 부피를 가지고 있으며 압력에 의해 이동해요. 넓은 공간에서 압력을 받아 공기가 움직여 작은 구멍을 빠져나가게 된다면 공기의 이동은 더 빠르고 강하게 일어나게 돼요.

★ 준비물

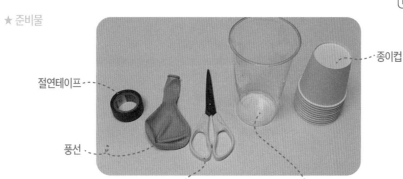

절연테이프

풍선

가위

1회용 플라스틱컵

종이컵

실험 시간	난이도	실험 위험도	관련 단원
30분	★★☆☆☆	★★☆☆☆	3학년 2학기 4단원 물질의 상태

활동1 공기대포를 만들어 보세요.

TIP 가위를 이용할 때는 손이 다치지 않도록 조심해요.

1 플라스틱컵의 아랫부분에 가위를 이용해 작은 구멍을 만드세요. 구멍이 너무 크다면 기체가 천천히 이동하게 되므로 작게 만들어 주세요.

2 풍선의 입구를 묶고 넓찍한 부분을 가위로 잘라 주세요.

TIP
풍선을 부는 부분이 가운데 오도록 해 주세요

3 자른 풍선을 플라스틱컵의 윗부분에 씌워 주세요.

4 씌운 풍선이 벗겨지지 않도록 절연 테이프로 튼튼하게 감싸 주고 풍선의 부는 부분을 묶으면 완성이에요.

활동2 비슷한 성질을 가진 물건을 찾아보세요.

1 종이컵을 탑처럼 쌓으세요. 공기대포의 입구를 종이컵 방향으로 한 뒤 풍선의 묶은 부분을 당겼다가 놓으세요.

2 공기대포를 이용해 종이컵 쓰러트리기 놀이를 해 보세요.

TIP
풍선을 많이 당길수록 공기는 더욱 빠르게 이동해요. 공기의 이동을 눈으로 확인하고 싶다면 향불을 이용해 공기대포에 연기를 채운 뒤 쏴 보아도 좋아요.

 아꿈선이 알려주는 재미있는 과학이야기

막힌 변기를 뚫을 때 기체의 특징을 이용할 수 있어요. 막힌 변기를 한동안 두면 차 있던 물이 조금씩 내려가요. 변기 커버를 올리고 비닐이나 랩을 씌워 테이프로 공기가 빠져나가지 않게 꼼꼼하게 감싸 준 뒤 변기 레버를 누르면 처음의 높이보다 물이 더 높이 차오르게 되고 빠져나갈 곳이 없는 공기가 비닐을 부풀게 만들어요. 이때 비닐의 가운데 부분을 힘차게 2~3번 눌러주면 공기의 압력으로 변기가 쉽게 뚫려요.

소리를 눈으로 볼 수 있을까요?

소리는 눈에 보이지 않지만 공기를 통해 우리에게 전달되는 파동이에요. 우리는 공기의 떨림을 귀를 통해 느끼기 때문에 소리를 들을 수 있어요.

★ 준비물

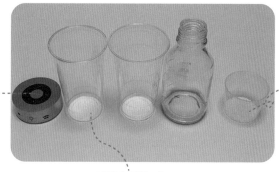

블루투스 스피커

쌀알

1회용 투명컵 2개

실험 시간	난이도	실험 위험도	관련 단원
20분	★★☆☆☆	★★☆☆☆	3학년 2학기 5단원 소리의 성질

활동1 소리의 진동을 손으로 느껴 보세요.

1 스마트 기기에 'n-Track Tuner' 앱을 설치한 뒤 블루투스 스피커를 연결하세요.

2 원형 블루투스 스피커를 뒤집어진 플라스틱컵에 끼워 주세요 원형 블루투스 스피커가 없다면 스피커 위에 플라스틱컵을 올려 두기만 해도 괜찮아요.

● 컵에 손을 댄 채 튜너의 소리굽쇠 기능을 이용해 다양한 음을 들어 보세요.
사람은 고음보다는 저음에서 진동을 더 잘 느낄 수 있어요.
너무 낮은 주파수(1~90Hz)의 소리에 지속적으로 노출되면 건강에 악영향이 있을 수 있으니 오래 듣지 않도록 해요.

활동2 소리의 진동을 눈으로 관찰해 보세요.

1 끼워 놓은 투명컵 위에 다른 투명컵을 올바르게 올리고 테이프로 연결해 주세요.

2 연결한 컵에 소량의 물을 담으세요. 다양한 음을 들어 보며 소리의 진동을 느껴 보세요.

3 물을 비우고 쌀, 깨 등을 넣어 관찰할 수도 있어요.

 아꿈선이 알려주는 재미있는 과학이야기

청각기관이 있는 생물들은 소리를 들을 수 있는데 종에 따라 들을 수 있는 소리의 영역이 달라요. 사람은 보통 20~20,000Hz까지의 주파수를 들을 수 있으며, 강아지는 67~45,000Hz까지, 고양이는 45~64,000Hz까지 들을 수 있어요. 가장 높은 소리를 듣는 동물은 바로 꿀벌부채명나방으로 300,000Hz까지 들을 수 있다고 해요. 나방이 이렇게까지 진화하게 된 이유는 이 나방의 천적인 박쥐 때문이에요. 박쥐가 200,000Hz까지의 초음파를 이용해 비행하고 먹이를 찾아내기 때문에 그 이상의 소리를 듣지 못하는 나방들은 박쥐에게 잡아먹히고 살아남은 개체들은 더욱 높은 주파수를 들을 수 있게 되었다고 해요.

춤추는 모래 만들기

소리의 세기는 진동 폭의 크기와 관련이 있어요. 진동의 폭이 클수록 큰 소리이며 작을수록 작은 소리예요.

★ 준비물

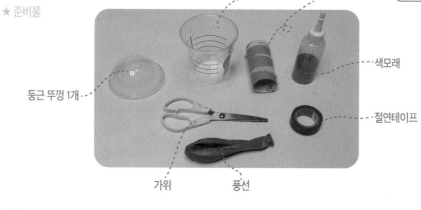

투명컵 1개
휴지심 1개
색모래
절연테이프
둥근 뚜껑 1개
가위
풍선

실험 시간	난이도	실험 위험도	관련 단원
30분	★★★★☆	★★★★☆	3학년 2학기 5단원 소리의 성질

활동1 소리의 세기를 눈으로 비교해 보세요.

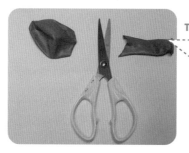

TIP

가위를 사용할 때는 손을 다치지 않도록 주의해요.

1 1회용 플라스틱컵의 한쪽을 휴지심 굵기로 자른 뒤 휴지심을 넣고 고정시켜 주세요.

2 풍선을 1회용 컵에 씌울 수 있도록 잘라 주세요.

3 플라스틱컵과 풍선을 결합해 주세요. 1회용 컵의 위쪽 부분에 풍선을 잘라 씌우세요.

4 둥근 뚜껑을 덮은 뒤에 절연테이프로 고정하세요.

5 색모래를 풍선 위에 뿌려 주세요.

6 휴지심을 통해 작은 소리부터 큰 소리까지 내며 색모래의 튀는 정도를 살펴볼 수 있어요.

TIP

일반 모래보다 가벼운 색모래를 사용해야 잘 살펴볼 수 있어요. 모래는 소리의 높낮이도 살펴볼 수 있는 실험 재료이지만 여기서는 소리의 크기에 따른 모래의 튀는 정도를 살펴보도록 해요.

 아꿈선이 알려주는 재미있는 과학이야기

중국 무협영화에서 소리로 사람이 날아가게 하는 장면을 본 적이 있나요? 이렇게 소리만으로 다른 사물에 영향을 끼칠 수 있을까요? 블루투스 스피커 앞에 촛불을 두고 음악을 크게 틀면 촛불이 소리의 진동에 따라 흔들리는 모습을 볼 수 있어요. 조금 더 큰 우퍼 스피커를 이용하면 소리에 따라 촛불이 꺼지기도 해요. 이때 우퍼 스피커의 소리 세기는 100~120dB가량 된다고 해요. 145dB부터는 사람 몸에 영구적인 손상을 줄 수 있으며, 190db이 넘어가는 순간부터 소리는 더 이상 음파가 아닌 충격파로 작용하며 사람을 날릴 수도 있어요. 즉 소리의 세기로 사람을 날리는 것은 가능하지만 절대 해서는 안 될 행동이에요.

47 빨대로 만드는 나만의 악기

혼자서도 할 수 있어요 ☑
친구와 함께해요 ☐
부모님과 함께해요 ☐

물체의 크기와 소리의 높낮이를 알아보아요. 물체의 크기가 작고 짧을수록 진동은 더 자주 반복돼요. 때문에 관악기의 관이나 현악기의 줄이 가늘고 짧을수록 높은 음이 나요.

★ 준비물

두꺼운 색도화지
테이프
빨대 8개
가위

실험 시간	난이도	실험 위험도	관련 단원
30분	★★★☆☆	★☆☆☆☆	3학년 2학기 5단원 소리의 성질

활동 1 🧪 빨대로 팬플루트를 만들어 보세요.

1 두꺼운 음료수 빨대 8개를 2개씩 묶어 길이에 맞게[A(6/6), B(5/6), C(4/6), D(3/6)] 자른 뒤 긴 순서대로 놓아 주세요.

2 높이가 일정한 취구(바람을 부는 구멍) 부분 쪽에 가깝게 테이프로 감싸 주세요.

3 테이프 위에 색도화지를 적당한 너비로 잘라 악기 전체를 감싸 주세요.

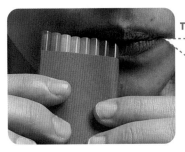

TIP

빨대를 불 때는 입술이 빨대 위를 스치듯
지나가며 바람을 불어 주는 게 좋아요

4 악기를 불며 빨대의 길이에 따른 음
의 높낮이를 확인해 보세요.

활동2 물체의 길이에 따른 소리의 높낮이를 확인해 보세요.

빨대의 길이	소리의 높낮이
가장 긺	
두 번째	
세 번째	
네 번째	

● 소리가 발생하는 악기의 길이가 길수록 음은 (   )지고 소리가 발생하는 악기의 길이가 짧을수록 음은 (   )
집니다.

아꿈선이 알려주는 재미있는 과학이야기

우리가 귀로 듣는 소리는 물체의 떨림을 통해 발생하는데, 이 물체의 떨림을 이용해서 소리를 눈으로
보는 과학실험 장치들이 있어요. 풍선에 붙은 거울에 레이저를 쏘아 소리의 모양을 나타내는 장치, 플
라스틱 관 안에 미세 스티로폼을 넣어 소리의 파형을 살펴보는 장치 등이에요.

48 물속에서도 소리가 전달될까?

혼자서도 할 수 있어요 ☐
친구와 함께해요 ☑
부모님과 함께해요 ☑

소리는 눈에 보이지 않는 진동으로 진동을 전달할 수 있는 매개체가 있다면 일정한 거리까지 전달될 수 있어요.

★ 준비물

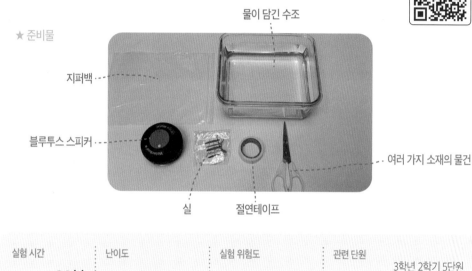

물이 담긴 수조

지퍼백

블루투스 스피커

여러 가지 소재의 물건

실   절연테이프

실험 시간	난이도	실험 위험도	관련 단원
20분	★★☆☆☆	★★☆☆☆	3학년 2학기 5단원 소리의 성질

활동1 수조 안에 있는 스피커의 소리를 들어 보세요.

TIP
지퍼백에 공기가 들어가면 부력에 의해 뜨게 되니 봉을 이용해서 눌러 주세요.

1 블루투스 스피커를 지퍼백에 밀봉하고 실로 묶어 주세요.

2 지퍼백을 수조에 넣고 음악을 틀어 주세요. 작은 소리부터 시작해서 들릴 때까지 소리를 키워 주세요.

소리가 전달되는 물질을 찾아보세요.

  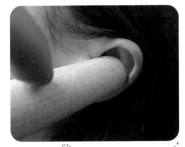

1 집에 있는 여러 가지 물건을 귀에 댄 뒤 손톱 끝으로 가볍게 두드려 주세요.

 TIP

각각의 물질마다 소리의 전달도가 다르다는 것을 확인할 수 있어요. 물체가 큰 경우 직접 귀를 물체에 대고 들어도 좋아요.

찾아낸 물체	물질의 종류(고체, 액체, 기체)	소리가 전달되나요?

아꿈선이 알려주는 재미있는 과학놀이

친구들과 함께 '신나는 노래 맞히기' 게임을 해 보세요.

1. 한 사람이 음악을 고르고 수조 속에 든 스피커를 통해 작은 소리로 음악을 틀어요.

2. 나머지 사람들은 수조에 귀를 대고 음악을 들으며 어떤 노래인지 맞혀요.

3. 먼저 더 많이 맞힌 사람이 이겨요.

49 어디서 노래를 부르면 더 잘 불러질까?

소리의 반사란 소리가 물체에 부딪쳐 되돌아오는 것을 말해요. 바닥에 튀는 공처럼 소리도 단단한 물체에 부딪쳤을 때 잘 반사되고, 부드러운 물체에 부딪쳤을 때는 물체가 진동을 흡수하여 잘 반사되지 않아요.

★ 준비물

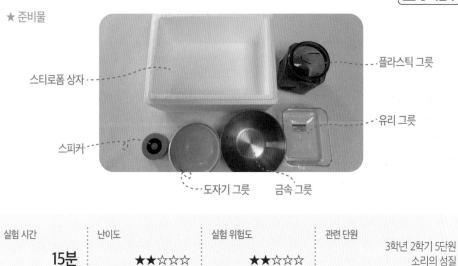

스티로폼 상자 ···· ┈┈ 플라스틱 그릇

유리 그릇

스피커 ····

도자기 그릇   금속 그릇

실험 시간	난이도	실험 위험도	관련 단원
15분	★★☆☆☆	★★☆☆☆	3학년 2학기 5단원 소리의 성질

활동1 소리의 반사를 비교해 보세요.

● 스피커를 여러 가지 용기에 집어넣고 소리의 크기를 비교해 보세요.

도자기 그릇

금속 그릇

유리 그릇

플라스틱 그릇

스티로폼 상자

● 스피커를 통해 같은 크기의 소리가 재생하며 각 용기에 넣었을 때 소리의 세기를 비교해 보세요.

활동2 소리의 반사가 잘 일어나는 장소를 찾아보세요.

● 집에서 소리의 반사가 가장 잘 일어나는 곳과 잘 일어나지 않는 곳을 찾아보세요.

반사가 잘 일어나는 곳: 화장실

반사가 일어나지 않는 곳: 거실

50 시끄러운 소리를 막는 방법

혼자서도 할 수 있어요 ☑
친구와 함께해요 ☐
부모님과 함께해요 ☑

소음은 들었을 때 불쾌함을 느끼게 하는 시끄러운 소리를 말해요. 개개인의 성향이나 상황에 따라 어떤 사람에게는 음악이 어떤 사람에게는 소음이 되기도 해요.

★ 준비물

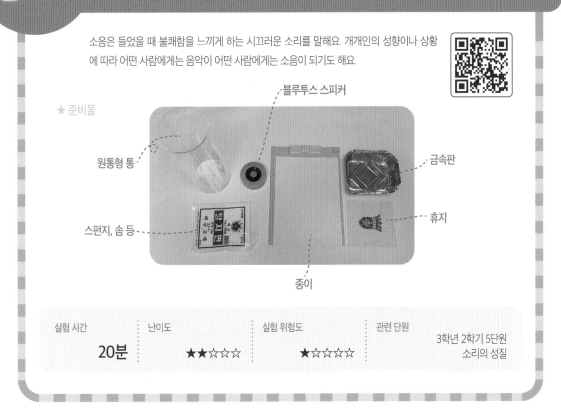

블루투스 스피커

원통형 통

금속판

스펀지, 솜 등

휴지

종이

실험 시간	난이도	실험 위험도	관련 단원
20분	★★☆☆☆	★☆☆☆☆	3학년 2학기 5단원 소리의 성질

활동 1 우리 주변의 소음을 찾아보세요.

● 우리 주변에서 나는 소리 중 소음으로 느껴지는 소리를 찾아보세요.

비행기가 날아가는 소리

공사장에서 공사하는 소리

자동차가 달리는 소리

● 가족들과 함께 소리의 특성을 살피며 소음 발생을 줄이는 방법, 발생한 소음을 차단하는 방법 등을 생각해 보세요.

● 원통형 통 안에 블루투스 스피커를 넣고 생각한 소음을 줄이는 방법들을 활용해 소리의 크기를 측정해 보세요.

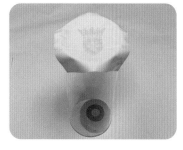

휴지를 이용해서 원통 막아 보기

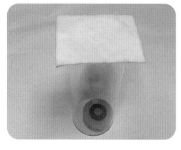

솜을 이용해서 원통 막아 보기

금속판을 이용해서 원통 막아 보기

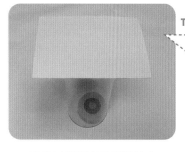

종이를 이용해서 원통 막아 보기

T I P

소음을 줄이기 위해서는 소리의 특성을 이해해야 해요.
소리의 특성1. 소리는 물체의 진동에서 발생해요.
소리의 특성2. 소리는 진동을 전달해 주는 매개체가 있어야 전달돼요.
소리의 특성3. 소리는 딱딱한 면과 만나면 반사되어 증폭되고 부드러운
　　　　　　면과 만나면 흡수되어 크기가 줄어들어요.

 아꿈선이 알려주는 재미있는 과학이야기

소음은 우리를 불쾌하게 만드는 소리를 말하지만 좋은 소음도 있어요. 바로 최근에 널리 알려진 ASMR
로 많이 사용되는 백색소음이에요. 백색소음이란 이름은 여러 가지 빛의 색을 다 가지고 있는 백색광처
럼 넓은 음폭을 가졌다고 해서 이름 붙여졌어요. 우리 주변에서 찾을 수 있는 백색소음으로는 숲 속의
폭포 소리, 비 내리는 소리, 시냇물 소리, 조용한 카페의 소리 등이 있어요. 이러한 백색소음은 사람의
뇌파 중 알파파와 델타파를 크게 증가시켜 듣는 사람에게 집중력과 편안함을 향상시켜 주어요.